日常行为心理解析

苏成荣◎著

中国纺织出版社有限公司

内 容 提 要

生活中，只有练就一双慧眼，学会细心观察，通过微表情、微动作、微心理真实了解他人，才能在社交上获得成功。

本书分为上中下三篇，分别解析了微表情、微动作、微心理在日常交际中的实际运用，通过生动的案例以及理论分析，深入浅出地阐述了微表情、微动作、微心理在沟通中的重要性，同时教给您快速识人的本领。

图书在版编目（CIP）数据

日常行为心理解析 / 苏成荣著. —北京：中国纺织出版社有限公司，2020.4（2023.1 重印）

ISBN 978-7-5180-7084-8

Ⅰ.①日… Ⅱ.①苏… Ⅲ.①成功心理—通俗读物 Ⅳ.①B848.4-49

中国版本图书馆CIP数据核字（2019）第296859号

责任编辑：闫 星 特约编辑：王佳新 责任印制：储志伟

中国纺织出版社有限公司出版发行

地址：北京市朝阳区百子湾东里A407号楼 邮政编码：100124

销售电话：010—67004422 传真：010—87155801

http：//www.c-textilep.com

中国纺织出版社天猫旗舰店

官方微博http：//weibo.com/2119887771

佳兴达印刷（天津）有限公司印刷 各地新华书店经销

2020年4月第1版 2023 年 1 月第 3 次印刷

开本：710 × 1000 1/16 印张：13

字数：127千字 定价：39.8元

前言

现代社会是一个鱼龙混杂的社交体，每天我们都会遇到各式各样的人，并与其发生或大或小的故事，在这过程中我们都需要沟通。为了促进沟通顺利，我们需要知道对方的心理状态，以期通过适宜的言行来赢得对方的好感，同时也可以有效辨别出谎言与真实，保护自己免受伤害。这就需要我们具备慧眼识人的本领，巧妙地通过微表情、微动作以及微心理，了解对方的真实内心，以利于我们在交流过程中作出恰当的反馈，最终赢得成功的沟通。

微表情和微动作所代表的肢体语言是比较普通的沟通方式，我们平时都在不自觉地使用着，借助表情和动作，可以加强语言沟通的效果，有时可以完全代替语言，在某些特定情境下，表情和动作的影响力甚至超过语言的效果。我们用语言行为来沟通思想、表情达意时，往往存在词不达意或难尽其意的时候，所以就需要使用表情和动作来作为辅助，让自己的意图得到更充分、更完善的表达，在这个过程中，微表情和微动作就产生了。人们在使用表情动作传情达意的时候，希望对方只看到自己想表达的部分，而某些真实情绪则需要掩盖起来。但是，比起语言，表情和动作反而具有更真实的一面。当一个人越想掩饰他的表情和动作时，我们恰恰可

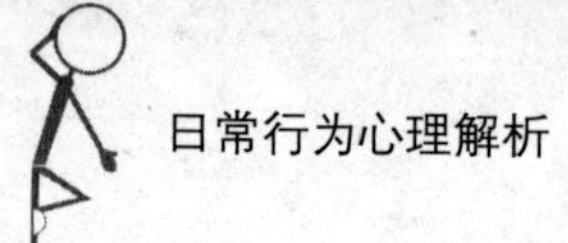

以透过这些微表情和微动作有效地了解他的真实情绪，巧妙地识别人心，达到交际的目的。

除了微表情和微动作在沟通中的作用之外，不可忽视的还有微心理的作用。心理学并不是空中楼阁，而是蕴藏于现实生活之中的。如果我们仔细观察，就会发现生活中的许多细节都可以运用心理学知识加以解释和分析。心理学可以广泛应用于生活、工作和学习之中，尤其是不那么显而易见的微心理，更是与我们的生活息息相关，比如，语言背后的深意、癖好隐藏的真实个性、日常习惯暴露的真实性情，等等。通过这些在生活中的表现，可以有效揣摩对方的真实心理，从而掌握沟通的主动权，实现成功交际的目标。

作者

2019年12月

目录

上篇 微表情

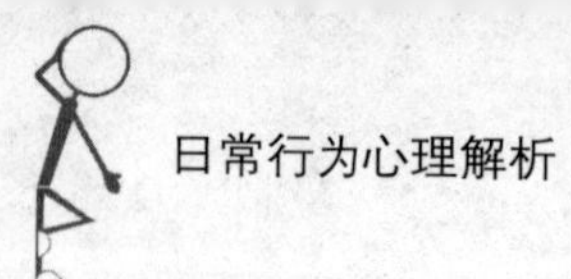

中篇　微动作

下篇 微心理

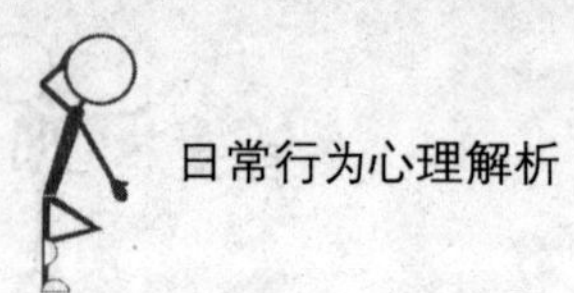

上篇　微表情

人们最有效的沟通方式就是面对面交流，而除了语言性的交流之外，非语言性的身体符号也可以有效传递和传达出个体的信息，从而令人们达到交流的目的。那些一闪即逝的微表情，恰恰是人们内心的真实反映。

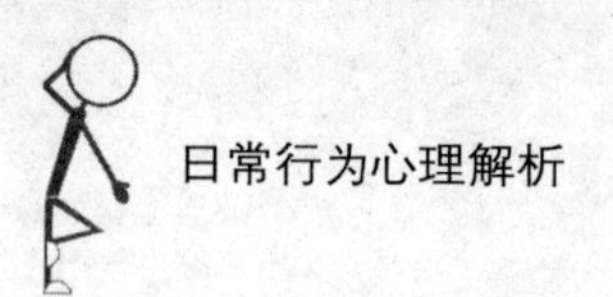

第01章　解读表情语言，认知微表情含义

面部表情是一种身体语言符号，表情肌的运动可以生成各种丰富的面部表情，这些表情可以表达出个体的心态和情感。人们的表情和思维一样活跃，变化十分明显，所以很容易识别，但个体通过训练也能够掩盖一些表情的改变。

表情可以传情达意

所谓表情，其实就是人们情感的外部行为特征。在人际交往的过程中，表情的作用非常重要，不仅可以传达信息、交流情感，也是了解他人主观心理状态的客观指标之一。人们常说的“察言观色”就是借助表情的辅助作用，在他人的举手投足之间洞悉他人内心深处的动态与微妙变化。通常情况下，表情不仅指面部表情，也包括言语表情和肢体表情，在这里，我们即将重点讨论的是面部表情。面部表情，顾名思义，就是通过眼、眉、嘴和面部肌肉的变化来表现人的情绪状态。其中，尤其以人的眼神变化最为重要，最为微妙细致，最为传神，其次，嘴角和眉头肌肉的变化也能够生动地传情达意。

达尔文在《人类和动物的表情》中指出，现代人类的表情和姿势是人类祖先表情动作的遗迹，在最初的时候，这些表情动作具有一定的适应意义，因此，在人类发展的过程中，这些表情动作就成为了遗传的东西而得以保存下来。举例而言，在远古时代，人类祖先在愤怒的时候会咬牙切

齿、鼻孔张大，在现代社会的搏斗中，这种表情同样是一种非常常见的适应动作。正因为表情有其生物学的根源，因此，诸如喜怒哀乐等最基本的表情都属于全人类共有的原始表情，这些表情没有地域和国界的限制，是放之四海而皆准的。

人的面部表情非常微妙，变化迅速、细致而又复杂，因此可以真实准确地反映情感，传递很多语言无法准确传达的信息。通常情况下，面部表情可以分为下面几种类型：

1.愉快的表情

这种表情通常在人们心情愉悦的时候出现，具体表现为微笑、大笑、狂笑等。

2.悲苦的表情

人类社会的发展总是伴随着喜悦与痛苦，因此，悲苦的表情和愉快的表情一样非常常见，具体表现为悲哀、伤心、痛苦等。

3.伪善的表情

人类有很多劣根性，在这些劣根性的驱使下，人的本性中就存在着恶的一面，所以，人们常常在嫉妒心理的驱使下嫉妒别人，表现为嫉妒的表情；有的时候，人们迫于无奈，总是说着言不由衷的话，心不甘情不愿地做着一些事情，表现为伪善的表情。

4.正义凛然的表情

和人性本恶一样，也有人说人性本善，这是因为人的本性中有着很多善良的品质。这些品质促使我们成为一个善良的人，能够正视一些邪恶的力量，并且为了伸张正义而努力，这就是正义的表情，例如，仇视一个恶

人，指责一个心术不正的人，反抗邪恶的势力等。

5.恐惧、惊异的表情

生活在这个世界上，还有很多人类未曾了解的事情，所以，在生活中，人们总是会遇到一些使自己非常恐惧和惊讶的事情，因而表现出惊异、恐惧的表情。除此之外，很多美好的事情也会使人产生惊异的感觉，例如，很多人在见到人间天堂——九寨沟的美景时总是情不自禁地露出惊异的表情，表示叹为观止！

6.思考的表情

人类社会之所以能够不断地进步和发展，就是因为人是一种善于思考的动物，这也是人与其他动物之间的本质区别。在日常生活中，面对某些事情，人们总是情不自禁地陷入思考之中，或者深思熟虑，或者略一深思，此外，人们在回忆时也是一种思考的状态。

一个间谍被抓住了，不管遭受了怎样的严刑拷打，他都没有暴露自己的身份。最终，正当准备放了他的时候，军官想出了一个办法，决定再进行最后一次的努力。军官让士兵把间谍带去洗漱干净，并且为他准备了整洁的衣衫。穿戴整齐的间谍被军官邀请一起共进晚餐，在开始吃饭之前，军官为自己对间谍的误解表示歉意。间谍始终紧绷的神经松懈了下来，席间，他虽然仍保持着警惕，却依然与军官谈笑风生。看似不经意间，军官谈起了一个国家的著名的间谍集会，突然，军官惊喜地发现面前的这个间谍陷入了回忆之中，他的表情非常奇怪，似乎无限回味那个盛大的集会。军官心中窃喜，他当即断定，自己面对着的这个人就是一个地地道道的间谍，而且他也曾参加过那个间谍的著名集会。就这样，军官并没有放这个

间谍走，而是借此机会识破了间谍的身份。

在这个事例中，间谍久经考验，最终却因为情不自禁地陷入了回忆而暴露了自己的身份。很多时候，我们可以经受住一些明显的考验，却会在不知不觉之间陷入对一些事情的回忆之中，并且因此而暴露自己的内心状态。

根据科学人员的研究发现，人们在交往的过程中，在传达信息的时候，表情所起的传情达意的作用是非常重要的，有的时候，它的作用甚至比语言更加重要。即使在语言不通的情况下，表情也能够帮助人们进行沟通和交流，所以，我们应该了解各种各样的面部表情，这对于人际交往是非常有好处的。

捕捉对方细微表情变化的瞬间

在与人的交际中，密切观察对方态度的变化，也相当重要。身体动作、手势、眨眼、脸部表情和咳嗽等，对方的每一个瞬间，都能表示多种含义，有时交谈者会有意识地用这些代替有声语言，而正是那些无声的微表情显露出了一个人的真实心思。

小范负责和一家大型企业谈判，在经历了千辛万苦、运用了种种的方法后，她终于打听到了对方的谈判底价，但是，对于这个价格，小范还不确定，心里没底。在正式谈判开始后，小范报出了和这个价格十分相近的一个价格，小范注意到，对方的谈判代表微微一怔，这就证实了，小范打

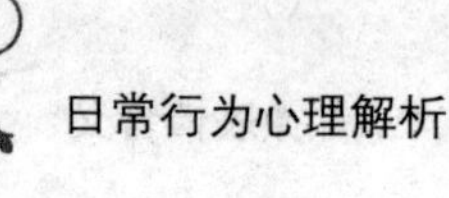

听到的这个底价是八九不离十的。

在与人的交往中，尤其是在商务谈判中，一个善于揣摩对方心理的人懂得捕捉对方微小表情变化的瞬间，并能从对方的这些表情变化中揣摩出对方的真实心理，摸清对方的需要，从而使自己立于不败之地。那么，如何才能善于捕捉对方表情的微小变化呢?

1.随时随地善于观察

一个人如果能养成善于观察的习惯，就可以在与别人的交际中立于不败之地。因为这样就随时可以观察到对方表情或是肢体的变化，哪怕是微小的变化，也逃不过这一类人的眼睛。

2.善于向对方提出问题

运用提问作为了解对方需求、掌握对方心理的手段，也是人们经常用到的方法之一。在对方滔滔不绝的议论中，利用提问随时控制谈话的方向，以此摸清对手底细，有时候，一个巧妙的问题，就会引起对方表情或言语的变化，从而让自己对对方的心理作出准确判断。

3.学会从微表情中洞察对方的真实意图

研究表明，“微表情”最短只持续1/25秒，所以这个下意识的表情可能只会持续一瞬间，但这是种烦人的特性，很容易暴露情绪。当面部在做某个表情时，这些持续时间极短的表情会突然一闪而过，表达出相反的情绪。

表情是人内心的晴雨表

有人说，表情是人们内心的晴雨表，同时也是现在的社交活动中少数能够超越文化和地域的一种交际手段。很多时候，因为语言不通，我们无法和其他国家或地区的人交流，但是，一个偶然的机会，人们惊讶地发现来自不同国家的婴儿们居然能够很好地交流。这是因为婴儿之间的交流不需要借助于具体的能够表情达意的语言，而只需要借助于自己的表情和身体语言。因此，人们发现，即使人们来自不同的国家，有着不同的肤色，说着不一样的语言，也可以用表情来传递彼此之间共同的心愿。不过，表情并非内心的完全表现，很多时候，因为种种原因，人们会试图掩饰自己的内心，所以导致人们的表情具有迷惑性。一不小心，我们就会被人们刻意伪装出来的各种表情所蒙蔽，以至判断错误。

很多人将表情称为人们的“面具”。众所周知，人的脸部有43块肌肉，基于人们对“甜”和“苦”的本能的生理反应，形成了“愉快”和“不愉快”两种最基本的人类表情。心情“愉快”的人面部的肌肉会自然松弛，而心中“悲哀”的人则会情不自禁地伤心落泪。很多时候，语言的表达是乏力的，但表情甚至能够比言语更明显地表达人们的心理动态。不仅人与人之间能够感受到对方的表情所表达的感情，有的时候，动物与人之间也能够通过表情来表达微妙的感情。例如，动物在遇到敌人的时候会龇牙咧嘴，以便能够威慑敌人，让敌人不敢靠近。在李安执导的电影《少年派的奇幻漂流》中，少年派与一只老虎一起漂流在大海上，为了驯服老虎，少年派对老虎做出了非常凶狠的表情，最终成功地威慑了老虎，吓退

并征服了老虎。由此可见，表情是很多生物所共有的，不过，人类与动物的表情有着一些不同，即动物不会隐藏自己的心思，而是毫无保留地把自己的所有心思都写在脸上，但是人类则不可能把所有情绪都一览无余地表现在脸上。对于人而言，表情既是心情的写照，又是一种有效的沟通和交流的方式，很多时候，如果一个人正在撒谎，那么他的表情也会撒谎，为了配合谎言而做出一些虚伪矫饰的姿态，目的在于使人们相信他的谎言。

尽管人们极力地掩饰自己的内心世界，给自己戴上表情的“面具”，但是面部的细微表情还是会出卖人们的心灵。因此，要想了解一个人内心深处的真实想法，我们就要学会细致地观察他人的表情，从而读懂其潜藏在心中的秘密。早在古代社会，中国人就研究出了以脸型、相貌等测一个人的性格与命运的相面术，尽管结果未必完全准确，但是还是有一定的科学依据的。把这个技术运用到现代的社交活动中，我们则可以通过一个人的表情和面相来大致推测一个人的性格，从而更好地了解对方，更好地与对方相处。

梁惠王非常有野心，想要建功立业，因此广招天下高人名士。有人曾经多次向梁惠王推荐淳于意，所以，梁惠王几次召见淳于意，而且每一次都屏退左右与他倾心密谈。不过，梁惠王前两次召见淳于意的时候，发现淳于意总是沉默不语，这使梁惠王非常难堪。事后，梁惠王不满地责问推荐人：“你说淳于意才华横溢，有管仲、晏婴的才能，其实并非如此。也许，我在他眼里是一个不足与言的人，要不他面对我的时候为什么总是一言不发呢？”

推荐人以此言问淳于意，他笑着回答说：“事实的确是这样的，虽然

我很想与梁惠王倾心交谈。但是，第一次交谈的时候，梁惠王脸上有驱驰之色，我想他一定在心中暗暗想着驱驰奔跑之类的乐事，因此我就没有说话。第二次，我见他脸上有享乐之色，我断定他肯定在想着声色一类的乐事，因此我也没有说话。"

那人把淳于意的话原封不动地转达给梁惠王，梁惠王经过仔细回忆，果然如淳于意所言，自此之后，他非常叹服淳于意的识人之能。

李楠赶到面试地点的时候，时间已经有点儿晚了，她急急忙忙地挤进了一个货梯，裙子却不小心被一个推着小车的工人扯了个口子。情急之下，李楠想不到什么补救的措施，只好既来之则安之了。她用手捂着裙子的缺口小心翼翼地往应聘单位走去，时间刚刚好，下一个就是李楠了。见到面试官之后，李楠虽然准备得很充分，却始终神色慌张。坐在椅子上之后，她裙子上的大口子就捂不住了，她很担心面试官会看到。看到李楠的表情，面试官终于忍不住问李楠是不是遇到什么困难了，李楠支支吾吾地把刚才的情况讲了一遍，面试官建议李楠还是先回家解决衣服的问题，再找一个合适的时间过来面试，因为她现在紧张的状态很容易影响面试的效果。

在第一个事例中，淳于意正是从梁惠王的表情上看透了他的内心世界，所以两次都默不作声，因为梁惠王心不在焉。在第二个事例中，其实面试官根本不知道李楠遇到了困难，而李楠也极力掩饰自己的情绪，想以最好的状态参加面试。尽管如此，面试官还是从李楠的表情上感觉到了她的异常，因而询问李楠是否遇到了什么困难。由此可见，很多时候，我们没有办法毫无痕迹地掩饰自己内心的情绪，所以或多或少地会表现在表情

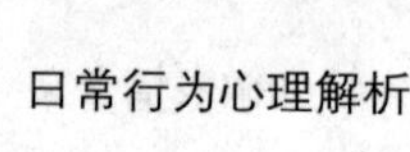

上。细心的人总是能够捕捉到这种微妙的表情，体察别人的内心，从而更好地了解别人。

面部表情会泄露秘密

早在古代，就有占卜看相的说法，大致的方法是凭着一个人的面部特征、相貌来预测其命运，或者只凭一个人的眉毛形状来下定论。其实，在科技日新月异的今天来看，这些所谓的相学都是不科学的，毕竟，只凭着一个人的眼、眉、耳、鼻的形状以及位置等脸部特征，是很难判断出一个人的命运的。然而，若是运用现代心理学，通过一个人的面部表情来判断对方的心理，则往往能够准确地读出他人内心的悸动。一个人心里在想什么，会相应地反映在其脸上，这时，他的面部表情就会泄露一些秘密，如果我们能恰当地识破这些秘密，那么，我们就能知道对方的真实想法。

有人说："人的面部表情是人的内心世界的显示器。"一般而言，人在心里感触到的喜怒哀乐都会表现在脸上，一个人高不高兴看他表情就知道了。但是，并不是每一个人的真实内心都反映在面部表情上的，有时候，人们为了寻求自我保护，会下意识地隐藏一些自己的真实情绪，不过，只要我们仔细观察，透过细微的表情，一样能捕捉到其中的秘密。在生活中，一个人面部所表现出来的各种各样的情感，是最能吸引人的表情。或许，在对方未开口之前，你就能从其面部表情中获得一些信息，了解到对方的情绪、气质、性格、态度等等。俗话说："看人先看脸。"

脸是一个人内心世界的外观，当然，所谓的脸并不是指人的长相，而指的是面部表情。

这天，张明接到通知，下午将要与一个大公司的客户进行商业谈判。当然，张明并不是谈判代表，而仅仅是陪同而已，真正的谈判代表是公司总经理李兵。

下午，张明忐忑不安地跟着李总走进了会客室，客户已经到了。彼此寒暄了几句，就进入了正题。张明忍不住看了对方一眼，发现他脸上面无表情，冷冰冰的，似乎不带一丝情绪。他心一紧，好像真的碰到对手了，这可怎么办呢？他抬头看了看坐在身边的李总，发现一向笑脸的李总居然也板着一张脸，张明可纳闷了：这是怎么了？两个人是仇人吗？随着谈判的进行，两人都面无表情，公事化地谈论着一些合作细节，不到一个小时，两人签了合同。

客户走了之后，李总呼出一口气，整个人显得格外轻松，脸上也露出了笑容。张明不解地问："李总，刚才，你们干吗都板着脸？这样谈判怪吓人的。"李总笑着解释："这位客户面无表情，想必是一个缺乏人情味的人，跟这样的客户交谈，我笑得再多也没用，还不如跟他一样，面无表情，这样一来，他会觉得跟我是一类人，自然就没有了招架之力了。"

李总通过客户的面部表情判断对方是一个缺乏人情味的人，洞悉了对方真实的想法后，李总保持同样的表情，以此达到了自己的目的。有人说："表情比嘴巴更会说话。"有时候，我们仅凭着一个表情的动态就能揣测出对方的心理。从心理学上看，表情是动情的一种反映，而动情则是一个人感情、意志等内部的心理活动。因此，只要我们仔细观察对手的面部表情，就可以读懂对方的心，再对症下药，达到自己交际的最终目的。

我们可以这样说，面孔变化是一个人内心世界的真实映照。比如，一个人脸上泛红晕，一般是羞涩或激动的表示，男女在相恋的时候，也时常会脸红；脸色发青发白则是生气、愤怒或受了惊吓的紧张情绪的表示。眉毛、眼睛、鼻子和嘴巴则表现了丰富而微妙多变的情绪，比如，皱眉表示不同意、烦恼，扬眉表示兴奋，眉毛闪动表示加强语气，眉毛扬起而又短暂停下，则表示惊讶或悲伤。

虚假的表情难掩真实的神色

一个人表情的外显通常被认为是“自然流露”，意指有所见或有所感而发，出自内心的自然本真，显示出的表情举止自然，但其中也隐藏了不少真性情，因为虚假的表情难掩真实的神色，你若仔细观察，必会窥探出不少秘密。比如，项羽和项梁看见秦始皇游览会稽郡渡浙江的时候，项羽脱口而出：“彼可取而代也。”吓得叔叔项梁急忙捂住他的嘴，这表明项羽心直口快。而汉高祖刘邦在见到秦始皇的时候，则说的是“大丈夫当如是也”，两人截然不同的反应，表明了两人不同的心性。

“人的面部表情是人的内心世界的显示器”，我们往往能够通过一个人的面部表情感知他的喜怒哀乐。但有时候，人们为了寻求自我保护，会刻意隐藏自己真实情绪，对面部表情有所掩饰，即便如此，我们还是可以通过仔细观察，透过细微的表情，捕捉到其内心真实想法。

那么，如何从那些虚假的表情中捕捉他人心中的真实想法呢？

1.面无表情者

有的人自作聪明地认为“面无表情”就是最自然的神态，其实不然。在日常交际中，许多人会“面无表情”地谈话、交流，轻易不肯说出自己的想法。心理学家表示，其实，他们真实的内心不外乎这三种想法：一是敢怒不敢言；二是漠不关心；三是根本没有放在心里，当然，也有可能事实恰好相反，只是对方不愿意让你看出来而已。

2.皮笑肉不笑

在生活中，有许多人经常会以虚假的笑容来迷惑他人，尤其是那些奸诈的小人，他们不愿意表露自己真实的想法，常常以皮笑肉不笑的笑容示人。心理学家分析，其实，这时他们内心的想法恰恰是与面部表情相反的，可能是很愤怒，可能只是想敷衍你，可能只是想亲近你，但其内心一点想亲近你的意思都没有。

3.洞悉对手急躁、不耐烦的表情

心理学家认为，人们在生活中学会了许多方法来掩饰自己的内心，当然，他们也知道在什么样的情况下该掩饰什么样的表情。比如，在商业会谈的时候，有的人总是显得急躁、不耐烦，眉毛时常跳动，这时，他们可能没有诚心跟你会谈，只是想趁早了事，还有一种可能就是他们只是想早点结束生意去参加公司的晚会。

心理学家提醒各位，在生活中，一个人面部所表现出来的各种各样的情感，是最能吸引人的表情。或许，在对方未开口之前，你就能从其面部表情中获得一些信息，了解到对方的情绪、气质、性格、态度，等等。俗

话说："看人先看脸。"脸是一个人内心世界的外观，当然，所谓的脸并不是指人的长相，而指的是面部表情，而且，在这里，主要是那些显露表情之下的细微表情。

第02章　透过五官变化，了解喜怒哀乐微表情

识别各种情绪的面部表情可以判断一个人真实的内心和真实的情感表达，透过观察五官变化，可以很好地了解一个人喜怒哀乐的微表情。比如，平静的面部表情，快乐、悲伤、愤怒、惊讶、恐怖的面部表情。

开心微表情，眉飞色舞

不知道大家发现没，当我们的心情发生变化时，眉毛的形状也会跟着发生变化，泄露我们内心的情绪。所谓眉飞色舞，那就是一副喜悦之情，内心的喜悦全写在脸上了。通常，我们认为眉毛的作用就是防止汗液、雨水等刺激源在重力的作用下直接侵害眼睛。如果我们仔细观察眉毛，会发现每根毛发，都是向上或者呈水平方向向两侧生长的。眉毛的运动，主要是额肌收缩造成的上扬，皱眉肌主导收缩造成的皱眉，等等。当一个人神智清醒，没有受到负面情绪刺激的时候，眼睑正常睁开时，就大部分人而言，眉毛的正常形态是两道弧心向下的弧。

有一天，小张出去办事，谁知道刚走出大楼门口，突然有一物从天而降，正中小张的肩膀。小张十分生气，一时间剑眉倒竖，忙抬头看是哪个没素质的人乱扔东西，不料扔东西的人早没影了，小张很是郁闷，皱了皱眉，决定自认倒霉。不料一低头看到砸到自己的东西，顿时眉开眼笑，刚才的怒气和郁闷一扫而光，原来砸中小张的是一张周杰伦最新的专辑，而

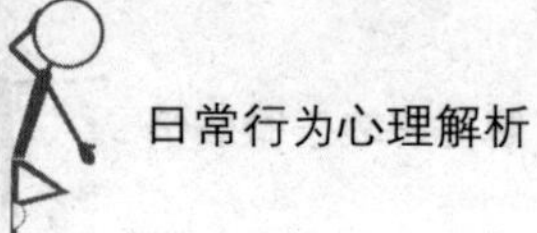

小张一直是周杰伦的忠实粉丝。

在这个故事中，小张在短短时间内展现了三种情绪的变化，而且这三种情绪都是通过眉毛呈现出来的：生气时，剑眉倒竖；郁闷时，皱眉；高兴时，眉开眼笑。实际上，眉毛和眼睛是一样的，会随着内心情绪的变化起伏而发生变化。

1.双眉上扬

双眉上扬，表示十分欣喜或极度惊讶。眉毛先上扬，继而在几分之一秒的瞬间内再下降，这种向上闪动的短暂动作，是看到别人露出的友善表示，这时通常会伴随着扬头和微笑。

2.眉毛迅速上扬

眉毛迅速上扬，这表示其心情愉快，内心赞同或对你表示亲切。若是眉毛完全抬高则表示“难以置信”，半抬高则表示大吃一惊，正常状态则表示不作评论。

3.眉梢上扬

在生活中，如果我们看到对方眉梢上扬，那表示对方是一个喜形于色的人，而此时此刻，表示他的情绪处于愉悦之中，在这时如果跟对方说一些具体的事情，那势必会成功。

4.眉心舒展

在交谈过程中，如果对方眉心舒展，那表示对方心情坦然、愉快。当然，如果对方眉心紧缩，那表示他正处于忧虑之中，或正处于犹豫不决之中。

在生活中，许多情绪的表情反应，都包括了眉毛和眼睛的组合，如不高兴、威胁、忧虑等等。这些产生于内心的情绪，都会一一在眉毛上烙下痕

迹，比如，在高兴时，眉毛会上扬，眉心舒展，随之出现的表情还有笑容。当一个人呈现出眉飞色舞的表情时，其内心的喜悦之情尽数呈现在了脸上。

有时候，内心喜悦的情绪并不会如实地呈现为一个完整的微笑，很有可能只是微笑的某个部分，也就是某个器官所表露出的表情，就好像皱眉表示心情忧虑一样。同样的道理，当一个人开心的时候，他内心的欣喜情绪有可能只会牵动嘴角，仅仅是一个嘴角上扬的动作就表示了开心的全部情绪。在生活中，看到有人笑，并不一定就表示其很开心，但若是看到对方嘴角上扬，则可以透露出对方内心的欣喜。

胡校长是一个不苟言笑的人，每天都板着一张脸，这使得所有的学生和老师都对其敬畏三分。胡校长知道是自己的面无表情所造成的影响，但是，他不解释，也不改变，以此树立自己作为校长的威信。

这天，一个调皮的学生乱扔垃圾，当场被胡校长抓住了，这个学生心想：惨了，这回肯定会被狠狠地批评。果然，只见胡校长冷着一张脸走过来了，他开口说道："为什么将垃圾乱扔呢？学校没垃圾箱吗？"学生心想，反正是惩罚，还不如胆子放大一些。他回答说："不是我不想把垃圾放在垃圾箱里，而是学校的垃圾箱放的位置不合理。"胡校长并没有生气，饶有兴致地说："你倒说说看，怎么个不合理法？"学生振振有词："你瞧，我从食堂出来，走了那么远的地方，也没见到一个垃圾箱，我难道要拿着垃圾走那么长的时间吗。遇到耐心不好的人，肯定会乱扔垃圾。"

胡校长没说话，只是嘴角稍微上扬，聪明的学生捕捉到了这个细微的表情。他知道胡校长其实本人并不严厉，于是，他试着说："其实，我还想给校长您提一个意见？"胡校长的口气已经变得温和了："你想给我提

什么意见？”学生抬起头说：“其实，我的意见就是您应该多笑笑，您总是这样板着一张脸，一点也不好看。”听了这样的话，胡校长那嘴角的弧度加大，上扬得更厉害了。

可能，有人会说，既然笑容是可以伪装的，那“嘴角上扬”这个动作也是可以伪装的。其实，事情并不是我们所想象的那样。当我们在伪装一个表情的时候，为了不让自己露出破绽，往往会费一番功夫，或将自己的脸夸张地挤成一团，或将眼睛眯成一条线，在人们看来，这就是标准的开心的表情。然而，嘴角上扬这个细微的表情，恰恰是伪装不出来的，因为太过细微，那才是发自内心的流露，也就是我们所说的“微表情”。假如说通常的那些表情都是可以作假的，那这个“嘴角上扬”的微表情才是最真实的。那是因为发自内心的表情恰恰是最细微、最不明显的，它可以将原本完整的笑容简化为一个“嘴角上扬”的动作。

当一个人内心愉悦，涌动着兴奋、激动情绪的时候，迫于环境，在潜意识里，他可能会有想要掩盖真实情绪的冲动，他可能会装得面无表情，或只是以正常的表情示人。但是，其内心的真实情绪，还是会通过某个器官泄露出来，比如，抑制不住的情绪偷偷地溜出来，嘴角自然上扬，这就是喜悦的表情。所以，在生活中，当我们需要观察对方的真实情绪是否为保持开心的状态时，你不妨观察其嘴角是否上扬，这样可以帮助我们更准确地揣测出对方的真实情绪。

愤怒微表情，锋利的目光

有人刻画了这样一个饱含愤怒情绪的表情：双眉下压，紧皱；怒视，上眼睑提升剧烈，下眼睑紧绷；嘴巴用力张大，上唇紧绷拉伸，露齿；下巴降低；鼻翼提升，露出上齿，鼻孔扩张。在这段描写中，对于愤怒时眼神的刻画只有短短一句话，“怒视，上眼睑提升剧烈，下眼睑紧绷”。或许，我们无法在脑海中刻画出这个形象，但读过武侠或侦探小说的人都不会忘记这样一句话——“他那杀死人的眼神”。愤怒的眼神是极具杀伤力的，因为会透露出锋利的光，在武侠小说里，有人用眼神杀人，想必就是愤怒的眼神。

在面部表情中，眼神是最能传情达意的，不管是喜悦，还是悲伤，透过眼神都可以摸清其内心的真实情绪。其实，愤怒也是一样的，当一个人愤怒的时候，即便由于修养的关系，他会强压心头怒火，眼神也会出卖其内心。在职场的一些场景中，我们只是看到镜片后老板犀利的眼神，就知道他定是在生气，自然不敢再动声色了，这样的生活案例其实就是典型的微表情。

在生活中，表情是千变万化的，这也是我们所不能详细描述的。我们只需要记住一点，当一个人在愤怒时，不管他如何掩饰，我们都可以从其愤怒的眼神中感受到锋利的目光，以此调整自己的言行方式。

如果我们只关注一个人的下半张脸，观察其鼻子周围和嘴部的形态，那是没办法判断对方的表情和情绪的。比如，由于其上嘴唇没有明显提升，所以鼻翼也没有被提升，那鼻翼两侧和脸颊两侧就不会直接挤压形成

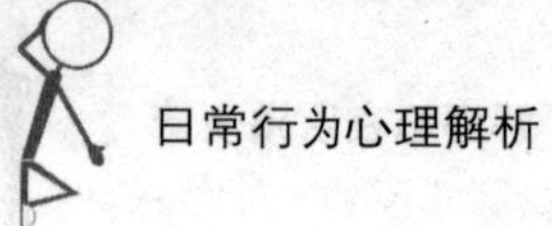

沟纹。尽管，有时候我们难以从这些细微的表情中判断出对方是否在愤怒，不过，除了这些，我们还可以注意其脸部的肌肉是否紧张。当憋在嘴里的怒气在里面乱窜时，自然会引起肌肉的紧张或收缩，这时如果我们仔细观察，就会发现其脸颊的肌肉在微微颤抖，而这恰恰暗示了他的愤怒。

虽然，我们一再强调愤怒的情绪呈现主要在于眼睛和眉毛的形态，比如，当一个人的怒气开始散去，他嘴部就会变得松弛，但因为愤怒的刺激源依然存在，因此眼睛依然可以强烈地表达愤怒情绪，不过，相比而言，面部表情所表现出的愤怒的程度还是比较严重。不管愤怒的表情关键在于什么，它所能带给我们的威慑力依然是存在的。

那么，愤怒的眼神是如何形成的呢？那锋利的目光到底从何而来？

1.眼睑形态的改变

尽管上眼睑会在眼轮匝肌的收缩作用下向下闭合，同时受到眉毛下压的阻力，不过，上眼睑的提升动作依然会由上睑提肌协同完成。所以，当两股相反的力量在上眼睑皮肤上相互挤压，改变了上眼睑的形态时，就会形成一道褶皱重叠。

2.锋利目光的形成

在通常情况下，人虹膜的上半部分会有接近四分之一被上眼睑盖住。不过，在愤怒的表情呈现中，因为上眼睑的大幅提升，会露出较大面积的虹膜上缘，尽管上眼睑受到这层褶皱重叠的影响而变形，但我们可以猜测出，假如没有眉毛的下压而形成的皮肤褶皱，上眼睑会越过虹膜，且不会盖住虹膜上缘。而在上眼睑被强力提升的同时，下眼睑因眼轮匝肌的收缩轻微地提升，变直而紧绷，这让愤怒的眼神更犀利。

最后，当双眉下压、上眼睑提升、下眼睑同时出现的时候，那锋利的目光就会从眼睛中喷射而出。

3.如何判断愤怒情绪的强弱

在生活中，有时候我们会发现，某些处于愤怒状态的人，其愤怒表情并不会这样，看上去眼睛睁得不是很大，虹膜露出也不多。其实，形成这种情形的原因在于，他有可能只是有一点轻微的愤怒，程度并不强烈。因此，当我们需要判断对方愤怒情绪强弱的时候，关键不在于观察眼睛的大小或虹膜暴露的多少，而是观察眉毛、眼睑的形态组合。

我们可以想象一个人脸部肌肉紧张的样子——他已经气得全身发抖了，甚至连面部肌肉都开始颤抖了，这暗示着当事人的愤怒情绪已经到了极端。当然，这样的细微表情还需要我们就近观察，近距离的观察绝对能给我们内心震慑的感觉。这样强忍怒火，让肌肉紧张的情绪状态，比张嘴骂人，甚至出现肢体上的攻击行为更可怕。毕竟，能够表现出来的愤怒行为，还是可以接受的，但隐藏在紧张肌肉里的愤怒，不知道它何时才会爆发，那才是更恐怖的。

惊讶微表情，无法克制的流露

在某些特定情境下，人们在惊讶的那一瞬间，便想要掩饰自己受惊的表情，他们会不断地用其他的表情或动作来克制自己的情绪，这时我们该如何去察觉呢？虽然，惊讶的表情并不具备任何的威胁性质，但是在某些特定的场合，假如被人发现自己所露出的惊讶表情，会给某些人带来影响，这时，当事者就会想方设法克制自己受惊的表情，让自己尽量保持在面色正常的状态。

小刚和梅子恋爱两年多了，不过，两人还没告知自己的父母。这不，最近两人打算结婚了，就邀请了双方的父母一起吃饭，顺便说说两人的婚事。

虽然父母有些责怪为什么瞒着自己，但见到儿女寻获了自己的幸福，还是感到很高兴。吃饭那天，双方父母都是盛装打扮，希望能给自己的孩子争得一些面子。小刚的父母先到了，他们不断地打量着梅子，小刚的父亲更是觉得这个梅子好像似曾相识，到底是在哪里见过呢？正在他思索的时候，进来两个人，当看到那位雍容的妇人的时候，小刚的父亲差点昏厥了过去——那是自己的初恋情人，一瞬间，小刚的父亲失神了。察觉到别人的目光，那妇人也看过来，顿时，眼睛里满是惊讶和疑惑，但就一秒钟，两人的神色恢复了正常。

落座之后，经过孩子们的介绍，梅子的母亲才知道，刚才那个盯着自己看的男人，也就是自己初恋男朋友，竟然是小刚的父亲。一时之间，她竟无法言语，当小刚介绍自己的时候，她只是生硬地说了一句："你好！"她的双手紧紧地拽住自己的衣角，好像需要什么力量支撑一样，但她的脸色还算正常，只是脸上出了一些虚汗。

在这个案例中，梅子的母亲是怎么来克制自己的惊讶表情的呢——无法言语，生硬的语调，双手紧紧地拽住自己的衣角，好像需要什么力量支撑一样，脸上出了虚汗。当然，这些都是通过细微观察才能察觉到的表

情差异，如果我们只是粗略地看一眼，估计不会察觉到对方正处于惊讶之中。

通常人们会以这些常见的方式克制受惊的表情：

1.用手捂住嘴巴

听到意外的事情，或看到意外的情况，之所以会用手捂住嘴巴，那是因为当事人担心自己在过度惊讶之余会尖叫出来，这势必会引起混乱。对此，他们就赶紧用手捂住自己的嘴巴，实际上也是克制自己的惊讶表情。

2.假装表现得很不在意

当两个原本熟悉的人迫于特别的情境需要装作不认识时，那他们在刚见面时的惊讶表情是必不可少的。而且，他们想要克制惊讶的表情也是可以抓住的，比如，他们会假装表现得很不在意，但语气、语调则十分僵硬，让人感觉虚假。

通常情况下，一个人惊讶表情的持续时间是很短的，都不会超过一秒。假如惊讶程度较强的话，表情的持续时间就会稍微长一些，不过还是不会超过一秒，而且出现很快，消失得也很快。当他们一旦了解到当前使自己意外的事物之后，就会马上恢复常态。基于惊讶表情持续的时间较短，因此我们更需要及时地抓住对方想要克制惊讶表情的微表情。

在生活中，饱满的惊讶表情是异常少见的，人们总是会试图掩饰和掩藏自己的负面情绪，过于直白的表情流露，就好比把自己内心所想的话说出来，这让自己在人前成为了一个透明体，自己想什么，想做什么，别人都会一清二楚。因此，惊讶的表情往往是一瞬间的，不到一秒钟的时间，那惊讶的表情已经消失得无影无踪了。不过，仅仅是一秒钟的表情闪现，

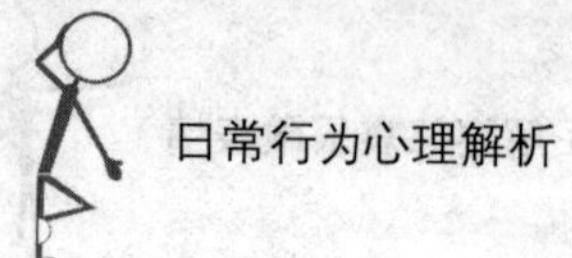

也可以从中体现出一些复杂的表情以及心理。

那么，在一瞬间的惊讶表情之中，体现出的人们的心理和表情到底是怎么样的呢?

1.心理活动

当人们听到或看到一些意料之外的事情时，最开始会出现惊讶的表情，但很快就会消失不见。虽然只有不到一秒钟的时间，但人们的心理活动是异常复杂的。当受到了意外刺激，人的大脑会很快判断这个刺激源的性质和影响，假如在判断这个事情上停顿的时间过长，那肯定会延误最佳的反应时机。在这种情况下，人们会很快掩饰自己的惊讶表情，毕竟，如果长时间地保持惊讶情绪，有可能会被人嘲笑“还没想明白吗”；而如果遭遇的是坏的刺激源，那长时间处于惊讶的表情，不仅会遭受危险，甚至会丢失性命。

2.表情呈现

在现实生活中，更多的惊讶是部分面部肌肉形态的表现。

（1）中等惊讶表情

中等惊讶表情是没有嘴配合的惊讶表情，这与饱满的惊讶表情相比，有两个地方需要我们仔细观察：眉毛抬得不是那么高，眼睛睁得不是那么大，不过，与正常状态相比，确实提升了眉毛，睁大了眼睛。嘴巴部分的动作，可能是非常轻微地张开，甚至没有变化。不过，假如嘴唇没有分开，那么必然配合有鼻子吸气的动作，当然吸气的力度不足以让你看到颈部肌肉的紧张收缩。

（2）只有上眼睑的提升

这种惊讶的表情呈现时，连眉毛的上扬都几乎不可见，只剩下上眼睑的提升。由于当事人主观控制的抑制作用，或者刺激源力度的不足，都可能导致眉毛部分没有明显的提升变化，这就只能保留了上眼睑的提升。相反，假如单单是提升眉毛而保持眼睑不动，则会出现失神的样子，不过，我们可以确定，这样的表情形态，不是惊讶情绪的表现。

虽然，惊讶情绪的表情呈现时间很短，但其心里的情绪持续并非这样短，因为外在的表情掩饰只是为了做给别人看的。当事人或许只是出于某个目的才会想要掩饰自己的真实情绪，这时一个人的情绪与表情呈现是不统一的，有可能惊讶表情之后，其内心依然处于惊讶之中，而表情的闪现也会在很细微的表情之中。

紧张微表情，面部僵硬

当一个人紧张不安的时候，其面部会显出僵硬感，这是因为其内心的过度紧张影响了面部肌肉的正常收缩，甚至在这一刻，当事人已经忘记了用微笑去掩饰自己的紧张。在生活中，有时候我们自己也会出现这样的场景，当自己一个人在讲台上说话时，会感觉面部肌肉很不正常，似乎怎么也自然不起来。即便想要尝试着露出笑容，也始终会觉得嘴角的肌肉是僵硬的，牵动不了。究其原因，来自于内心的焦虑不安，情绪紧张。

我们常说，面部表情是内心情绪的一面镜子。一个人内心出现什么样的情绪，这样的情绪就会及时地反映给大脑，然后通过面部表情呈现出

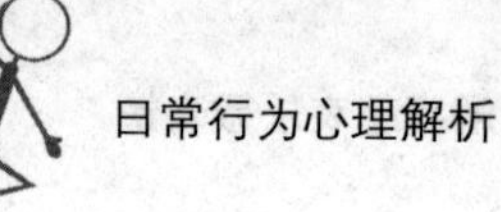

来。“紧张不安”这样的情绪是人体在精神和肉体两方面对外界事物反应的加强。生活中好的变化，以及坏的变化，都会使人紧张不安，紧张会让人面部肌肉僵硬，睡眠不好，思考力以及注意力不能集中，头痛，心悸，等等。

在班上，他是一个内向的孩子，平时很少跟同学说话，总是一个人静静地坐在角落。虽然，在听到同学们说到一些有趣的事情时，他也会跟着笑笑，可一旦同学将目光转移到他身上，他便会觉得紧张不安。

那是一节公开课，当老师提出问题之后，环视了教室一周，目光竟然落到了他身上。老师决定给这个性格内向的孩子一个展露的舞台，她挑选了一个还算简单的问题，点名要他回答。听到自己的名字，他先是惊讶地张开了嘴巴，没想到老师会叫自己起来回答问题，然后，他开始有点紧张了。他感觉到自己双脚发软，似乎连站起来都很困难，终于，他慢慢地站起来，抬头看着老师，想露出一个笑容，但无奈，面部肌肉竟然变得僵硬，不再受自己控制。老师微笑着，示意他不要紧张，他开始慢慢平复自己紧张的情绪，深呼吸，然后开始一个字一个字地思考老师提出的问题，在思考的过程中，他觉得自己紧张的情绪不再那么强烈了，面部肌肉也松弛了下来。最后，在老师和同学鼓励的目光中，他大声地说出了正确答案，赢得了一片热烈的掌声。

在正常情绪下，一个人的面部肌肉是松弛的，人们可以凭借自己的情绪自由调节脸部的各方面肌肉，比如，微笑，嘴角上扬，眉头上扬；惊讶，嘴巴微张，瞳孔放大。但一旦这样的情绪过于激烈，如过分紧张不安，这时那种内心的惶惶不安就会显露在面部表情中，肌肉僵硬的情况也

就出现了。

不安反应属于恐惧反应之一，恐惧的微表情包括了几种不同程度的衍生情绪，内心情绪程度不同，所呈现出来的表情自然不一样。按照情绪的饱满程度递增，依次可以列出担忧、不安、害怕、恐惧四种不同的状态。刚开始接触到外界的刺激源的时候，或许只是担忧，这个刺激源到底是好还是坏呢？继而发现其中的一些信息，开始不安起来，接着，发现这个刺激源原来是极具威胁性的，人们会变得害怕，最后达到恐惧的状态。

下面，我们就按照恐惧情绪程度的不同，依次展现一些情绪表情的差异之处：

1.轻微担忧的表情

当一个人在轻微担忧的时候，他的表情中只有眉毛和眼睛会流露出担忧的情绪。眉毛没有大幅度提升，仅仅可以观察到眉头的上扬和眉毛的平直扭曲形态，眼睑整体自然，不过，上眼睑还是处于比正常状态略高的位置，露出大部分虹膜。假如这时眉毛的提升和扭曲加剧，上眼睑进一步提升，那表情就有可能上升为不安，甚至是害怕。

2.担忧的表情

当一个人轻微闭紧双唇，配合典型的恐惧双眉形态，就能够将担忧的表情呈现出来。紧闭嘴唇实际上是一种克制，皱眉表示内心的压力和关注，这时并不需要睁大眼睛，因为没有直接的刺激源需要捕捉视觉信息。担忧的表情特征集中在两点：一是眉头上扬和扭曲的眉形，这表示心中有压力，不过不是厌恶和激愤，厌恶和激愤的眉形不扭曲；二是嘴唇紧闭，唇红部分隐藏，口轮匝肌收缩使嘴唇紧绷，嘴角处因降口角肌的收缩也产

生隆起，这表示压力的存在。假如眉毛形态和嘴唇形态紧张，那就可以判断当事人承受压力的神经状态加重，假如嘴部的紧张状态消失，那表示担忧的状态再度减轻。

3.不安的表情

当情绪增强，表情的形态特征也会随之增强，比担忧程度更高的是不安，用“焦虑不安”可以很好地表达这种心理情绪。假如听到什么不好的消息，脸上出现的表情大部分就是这样，嘴的形态基本松弛，眉毛整体趋平，依然保持扭曲的状态，眉头上扬，不过程度稍微加重。皱眉肌引起轻微纵向皱纹，眼睛睁开的程度增加，不过并不夸张，上眼睑的提升没有恐惧和害怕的表情中那么显著，不过，相比较正常的松弛面孔，虹膜上缘露出的面积要大一些。

4.害怕的表情

害怕表情的典型特征：提升而扭曲的眉毛，以及警觉的眼睛，眼睛睁得越大，表明心里越是害怕。在饱满的恐惧表情中，眼睑会试图扩张到最大的位置，以至于可以露出虹膜上缘的眼白，不过有时会被眼睑的皮肤褶皱遮挡。尽管，害怕的表情不会造成十分夸张的眼睑运动，不过观察眼睛的形态，依然可以确定害怕的程度。

害怕的表情主要呈现为：眼眉的扭曲形态由皱眉肌和额肌中间共同收缩形成，眉头上扬；上眼睑向上提升，露出更多的虹膜上缘；提上唇肌轻微收缩，上唇提起，略微露出上齿；颈阔肌轻微收缩，将嘴角的两侧拉开，这样显得嘴的水平宽度更大。

恐惧的表情可以说是一瞬间形成的，但仅仅是这一瞬间，也是多个不

同程度的微表情组成的。在每个情境之中，恐惧的程度不一样，所呈现出来的表情也就不一样，当我们在观察他人面部表情的时候，需要注重细微的差别，以此作出准确的判断。

在生活中，当一个人出现紧张的情绪反应时，该如何调适呢？对于这样的情况，我们应该坦然接受自己的紧张情绪，应该想到这样的紧张是正常的，许多人在同样的情境下可能会更强烈。我们甚至可以跟自己的紧张心理对话，问自己为什么紧张，自己所担心的最坏的结果是怎么样的，并坦然从容地面对，做自己该做的事情，这样，我们就会慢慢平复内心紧张的情绪。

悲伤微表情，无声地哭泣

由于外界刺激源的力度和当事人抑制情绪的程度不同，悲伤可以分为许多不同的等级：号啕大哭、正常的哭、抽泣、闭着嘴默默流泪、委屈、忧伤等。当然，如果是饱满的悲伤情绪下的痛哭，是可以很容易辨认的，因为这样的表情特征是最清晰的，不过，对于其他不同程度的悲伤表现，我们就不那么容易辨认了。对此，我们可以从其哭泣的不同表现来解析对方的悲伤，从其眉毛、眼睛和嘴巴可能会出现的细微表情窥探其真实心理。

不同程度的悲伤表情是不一样的，此外，由于刺激源力度的不同，所带给人们的反应也是不一样的。因此，我们完全可以从一个人的悲伤表情

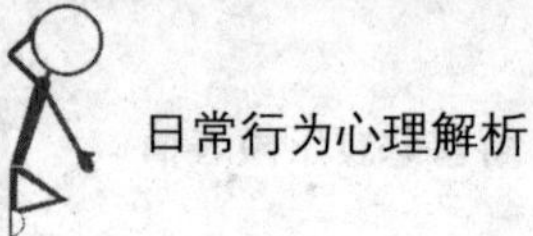

中解析对方的悲伤程度，一个人哭泣的表现会随着外界刺激源的力度大小以及人们抑制悲伤情绪的程度而变得不同。比如，当一个人遇到了重大的家庭变故时，他内心的悲伤是极致的，但因抑制情绪的本能反应，他所呈现出来的表情可能就是闭着嘴哭泣。

1.闭着嘴痛哭

相比较痛哭的表情，有的人会闭着嘴哭，或许，当他抑制不住的时候，会掩口哭泣。这样的表情，除了嘴部变化比较显著以外，额肌会进一步加强收缩，将眉头向上提拉，双眉皱起，向中间聚拢，对此，我们所看到的表情呈现是：双眉下压，眼睛紧闭。当然，没有人会睁着眼睛痛哭的，即便是最擅长演哭戏的演员，他们所能做到的也是睁着眼睛默默流泪。一旦悲伤情绪涌来，就会导致情绪波动加剧，随之而来的动作就是紧闭双眼。

通过这样一种哭泣的表现，我们可以看出当事人内心的悲伤是难以言说的，他是在本能地抑制自己悲伤情绪的释放，因此才会有“掩口”这样的动作。

2.号啕大哭

号啕大哭的表现：双眼紧闭，流泪，脸部抽搐，全身抑制不住地颤抖。这样痛哭的表现，定是刺激源力度强烈所造成的，如传来亲人去世的噩耗等等，这样的特别情境就会出现号啕大哭的表情。

3.抽泣

我们通常所见到的抽泣表情是：一个人默默地坐在角落里，拿着手帕不断地拭泪，但整个过程中听不到哭的声音，只是看见眼睛红红的，还有

因哭泣带来的鼻子喘息的声音。一个人在抽泣，表示其内心十分委屈，这是一种憋屈，他不大声哭泣，是因为悲伤还没达到这个程度，只是默默地哭泣，这意味着这样的悲伤情绪是可以化解的。

4.忧伤

神情忧伤，也就是这个人脸上有悲伤的痕迹，但没有哭，有可能是哭过了，有可能是即将到达哭泣的情绪。他们的表情呈现：双眉下压，紧闭双唇，眉梢之间有一种抹不开的忧愁。当一个人呈现出这样的表情时，表示其即将达到悲伤情绪的边缘，他只是想到了某些不开心的事情，因此才会出现这样的表情。

从心理学角度来说，当一个人处于悲伤情绪的状态时，需要寻找一个有效的渠道释放，比如，放声大哭，找最亲近的人哭诉，等等，以此让自己内心极度悲伤的情绪得到合理的释放，如此才不会给自己的身心带来危害。毕竟，过度的悲伤，以及持续时间很长的平静的悲伤对人的身心是不利的，如果一个人长期处于悲伤情绪中，孤独感、无助感就会不断袭来，最后，他的身心都会被悲伤渐渐吞噬，直至最后在悲伤中死亡。不过，在现实生活中，许多人习惯于抑制自己的悲痛，“带着眼泪的微笑”，这就是很好的说明，这时我们该如何通过一些微表情来看透对方的真实情绪呢？

在生活中，有时候，我们前一刻还在痛哭，但接下来我们所需要面对的是家人、朋友，如果我们不想让他们担心，就会刻意地掩盖自己的情绪。比如，我们刚哭完，眼睛红红的，当对方问道“怎么了”，我们会回答“眼睛进了沙子”。而且，哭泣的声音是哽咽的。而当我们想要掩饰自

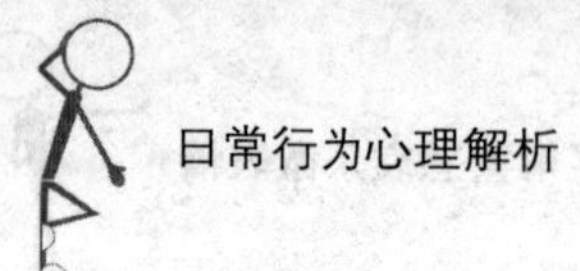

己的时候，会先润润喉咙，尽量让自己的声音听起来很正常。其实，再多的掩饰也会露出破绽，从声音的颤抖中，人们还是会辨析出对方的情绪是悲伤难过的，只不过我们在自欺欺人罢了。

那么，在刻意掩饰悲伤情绪的时候，微表情有何呈现呢？

1.嘴部的变化

掩饰的哭泣与痛哭之间的区别在于嘴部的抑制，当紧闭双眼哭泣的时候，嘴部的动作是为了抑制发声，降低哭泣的音量。不过，会造成的另外一个结果——抑制能量的消耗，让悲伤持续的时间变长。在抑制的悲伤情绪时，情绪需要张嘴发声哭泣，不过，主观意识想要掩饰自己的这一表情，它会要求紧闭双唇，这样就会让嘴唇很紧张，有一种向内的压力对抗向上和向外的力量，这样嘴部就会有轻微的抖动。

2.扭曲的眉形

当一个人在刻意抑制悲伤的时候，尽管他的表情很快会恢复到正常状态，但是，在眉头之间，扭曲的眉形还是会泄露其内心的秘密。扭曲的眉形是悲伤的典型形态特征之一，或许是由于来自痛哭和抑制的纠结中，这样的扭曲形态极具感染力，同时，眉形的扭曲，也表示着其内心的纠结与抑制。

通常情况下，当一个人的情绪自然地由内而外散发出来的时候，这样的表情是自然流露的，没有一丝伪装的痕迹。不过，当一个人想要刻意地抑制内心的某种情绪，那么在表情的呈现中，就会露出一些伪装的痕迹，因为刻意，难免会在某些地方伪装不到位，以至于在微表情中闪现出一些端倪。对此，当对方在刻意抑制悲伤情绪的时候，我们也可以通过其呈现出来的微表情仔细揣摩，定会窥探出对方的真实情绪。

第03章　通过面部看心理，一颦一笑显露真实内心

日常生活中，与人交谈时，不但要注意自己的说话方式，而且要留心对方的表情和举动，以揣摩对方的态度，提高沟通效果。通过面部看心理，对方的一颦一笑都显露了其真实的内心。

每一种面部表情代表一种心理

齐玉是一个很单纯的女孩子，什么事都写在脸上，朋友总能通过她的表情一眼看穿她的心思。当别人告诉她令人难以置信的消息时，她就会瞪着一双大眼睛很惊讶地看着对方；假如有人做了她看不惯的事情，她就会使劲地撇嘴，露出不屑的神情；当她偶尔撒个小谎时，她的脸就会变得通红。

表情是心情的真实写照，那人有多少种面部表情呢？美国心理学家研究的结果可能会令你大吃一惊：约100000种左右，而且各种表情的变化十分迅速、敏捷和细致，能够真实、准确地反映情感，传递信息。面部所表现出的各种各样的情感，最能吸引对方的注意,在你未开口之前，对方就能从你的面部表情上得到一定的信息，对你的气质、情绪、性格、态度等有所了解。所以有句话说得好，看人先看脸，脸是人的价值与性格的外观。

人类复杂的表情变化都是在脸部的眉、眼、嘴、鼻的动作变幻上体现出来的，它们是人体中表情最丰富、最生动的部位。人类心理的变化，会直接导致脸部各个器官的变化，从而表现出喜、怒、哀、乐等各种表情。

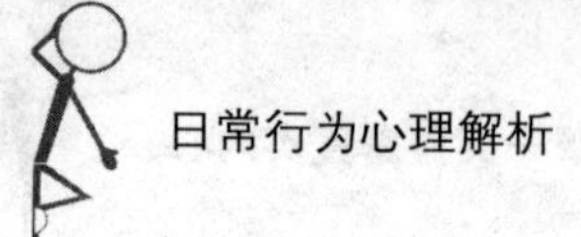

尽管不同的民族有不同的文化差异、价值取向，但有一点是共同的，那就是快乐、悲哀、静穆和狂怒等复杂、丰富的面部表情。

有些人总是面带着微笑看着对方，其实这并不意味着他赞同你的观点，他只是用微笑来掩饰内心真正的想法。这类人通常做事不露锋芒，不爱表露自己的真实想法，喜怒不形于色，谨小慎微，即使在复杂的人际关系中，他们也能游刃有余。

习惯咬嘴唇和舌头的人，从性格上看，一般是心无城府、喜怒形于色的人。如果在说话时有人做出这种动作，说明他对讲话的内容不太感兴趣，或者是想发表自己的看法，但又不知道如何开口。

喜欢皱着眉头的人，在听别人说话时很少发表意见。其实，这并不表示他们反对发言者的言论，恰恰可能是因为他们正在仔细听对方的话，并进行深入的思考。这类人通常具有批判精神，总是试图提出与众不同的意见。

下巴的动作也会出卖你，下巴微微下坠，说明正处于认真又放松的状态；伸长下巴，表明极度疲乏，需要很好的休息；下巴抬高，表示现在内心很骄傲；用手拖住下巴，表示内心很不安、孤独。

科学研究表明：瞳孔变化最能反映内心世界的变化，在出现强烈兴趣或追求动机时，瞳孔会迅速扩大。据说，古代波斯的珠宝商人出售首饰时，总是根据顾客瞳孔的大小来要价的，如果一只钻戒的熠熠光泽能使顾客的瞳孔扩张，商人就会将价钱要得高一些。

当然，有些人在交往中不愿透露自己过多的心思，于是就用表情掩饰自己内心真正的想法，可能你看到的明明是微笑的表情，但实际上对方早

就已经为某件事在心里怨恨你了；可能你看到一个人正面无表情地盯着一个地方，好似在观察什么，实际上他只是在发呆。表情有时候与真实的想法是不一致的，但只要你认真观察，总能在脸部找到蛛丝马迹，比如，说谎的表情也有说谎的表现和暗示，只是我们忽视了而已。

表情就是反映内心世界的一面镜子，每一种面部表情都代表着一种心理，只要你深刻体会各种表情的含义，就能轻易解读他人的心思，成为洞察他人心理的专家。

不同笑容揭示不同的性格特征

笑容是人类生存的一种本能，是人类与他人交流的最古老的方式之一，是全人类都懂的一种表情。笑声，就像间谍们发送的电码，需要特殊的密码才能解读出它所代表的真正意义，那不同的笑容又揭示了怎样不同的性格特征呢?

我们先做一个心理测验：

有一个小朋友，他在上语文课时，突然很想上厕所，便举手和老师说："老师，我要大便!"老师非常生气地说："不可以用这么粗俗的字眼，不准去!"就命令他坐回去，可是那名小朋友还是憋不住，只好又举手说："老师，我的屁股想吐!"

看到这里，你会怎样笑起来呢?

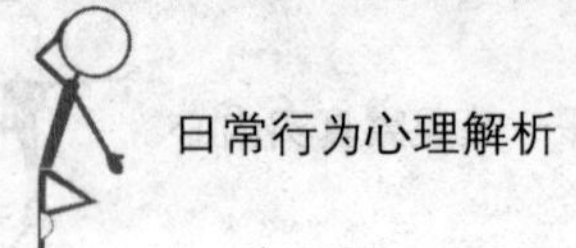

A.呵呵地冷笑或是干笑

B.遮住嘴巴地笑

C.嘴巴张得大大的，毫不掩饰地笑

D.想憋又憋不住，噗嗤地笑了出来

测试结果：

A.呵呵地冷笑或是干笑

你很有心机，总可以自由地操纵别人，以达成目的；你无时无刻不在观察别人，是个厉害的狠角色；你还经常看不起别人，时常贬低别人来抬高自己，身边不会有很多朋友。心机指数90%。

B.遮住嘴巴地笑

你是那种宁愿自己生闷气，也不会轻易透露心中想法的那种人，你总是紧闭心灵，却又渴望别人能主动了解自己，为人有点现实且有点固执，一旦下定决心做某件事，就会坚持到底，别人说什么都不能改变你的决定。心机指数70%。

C.嘴巴张得大大的，毫不掩饰地笑

你是一个敢于担当的人，遇到难处总能挺身而出，并能设法解决；你很有自己的主见，说做就做，做事从不拖延；你待人通常两极化，不是极好就是极坏，因为你是个嫉恶如仇的人，很少和自己讨厌的人来往。心机指数40%。

D.想憋又憋不住，噗嗤地笑了出来

你是一个心地善良的人，当他人有困难时，你可以不啬惜地为他分忧，但是你是最常忽视自我需求的那个人，可能为了别人而牺牲自己。心

机指数60%。

通过上面的心理测试，我们可以看出，不同的笑容，代表了不同的性格，我们要善于从他人的笑容中分析这是一个具有怎样性格的人，他是不是一个值得我们真心对待的朋友，从而在交往中把握好分寸和尺度。

每个人都希望别人能对自己笑脸相迎，但实际上，微笑也有真有假。解读他人的笑容，第一步就是要辨别它是真笑还是假笑，笑容的真假能让你瞬间读懂正在寒暄的两人之间的真正关系是亲密还是疏远，你甚至可以从对方的笑容中估计出他对你的想法和态度。那么，如何辨别一个人笑容的真假？

一般而言，真实的微笑持续的时间只能在2/3秒到4秒之间，而假笑则不同，它持续的时间比较长，同时会让人感到别扭。其实，任何一种表情如果持续的时间超过10秒钟或5秒钟，大部分都可能是假的。通过计算微笑消失的时间，我们可以判断他人的笑容是否真诚。

观察对方嘴角肌肉的运动方向，我们就可以看出此人是真诚地笑还是虚情假意地笑。真笑时，嘴角会向眼睛方向上扬，若是假笑或“应付”地笑，嘴角会被拉向耳朵方向，嘴唇会形成长椭圆形，笑者的眼中也不会透露一丝情感。

笑容揭示的秘密很多，我们不仅可以根据笑容判断对方的性格特征，还可以根据笑容的变化看穿对方的心思，判断对方是不是一个真诚的人。千万不要以为自己可以把真正的心思隐藏在笑容底下，有时候，恰恰是笑容让人看清了你。

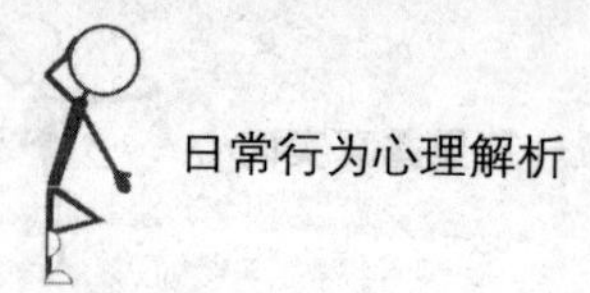

微表情，人们内心的流露与掩饰

微表情，是内心的流露与掩饰，是心理学名词。人们通过一些表情把内心感受表达给对方看，在人们的不同表情之间，或是某个表情里，脸部会“泄露”出其他的信息。“微表情”最短可持续1/25秒，虽然一个下意识的表情可能只会持续一瞬间，但它最容易暴露内心真正的情绪。

宋博和曾雄是好朋友，也是大学同学。在一次同学聚会上，有一位同学高兴地告诉大家他的两个孩子都找到了不错的工作，所有人都纷纷对他表示祝贺，真心地替他感到高兴。

后来，曾雄悄悄地对宋博说：“他一定是在说谎。”

宋博不解地问：“为什么这样说？他看上去那么高兴，应该是真的啊！”

曾雄说：“他表面上是很高兴，但那是装出来的，你仔细观察他的微表情就知道了，他刚才露出了一刹那犹豫、迟疑的神情。”

后来宋博碰见了那位同学的妻子，他的妻子悄悄告诉宋博自己两个孩子的工作都不太理想，只能勉强过日子，希望宋博能帮孩子想想办法，她老公是个好面子的人，拉不下脸来求人。

同学的妻子走后，宋博心想：看人真的不能看表面，还要时刻注意微表情啊！

宋博这位同学的微表情泄露了他内心真正的想法，但大部分人都没有察觉到，都相信他讲的话是真的。“微表情”一闪而过，通常做表情的人和观察者都察觉不到，研究表明，只有10%的人具备察觉微表情的能力。

售货员的笑脸里可能闪过一毫秒轻蔑的嗤笑，停车场里表情严峻向你

走来的人可能会突然闪现恐惧的表情。比起人们有意识做出的表情，微表情更能体现人们真实的感受和动机，善于捕捉微表情的人，总能透过现象看本质。

微表情通常只是一刹那的心理流露，通常会淹没在其他的表情当中，但有时即使忽视了，我们的大脑也仍会受其影响，改变我们对别人表情的理解。所以如果某人很自然地表现“高兴”的表情，且其中不含有微表情，我们就能断定这人是高兴的。但是如果你发现其间有“嗤笑”的微表情闪现，就算你没有刻意去察觉，你也会更倾向于认为这张“高兴”的面孔是“狡猾的”或“不可信的”。

在日常生活中，如果我们错误地理解微表情的含义，我们就会对交流对象形成错误的判断，增加人们之间的隔阂。如果理解了微表情，我们就更能够从一闪而过的表情信号里发现有价值的信息，我们要善于发现微表情，更要正确理解微表情。

人类主要拥有至少七种微表情，每种微表情都有特定的表现：

高兴：嘴角翘起，面颊上抬起皱，眼睑收缩，眼睛尾部形成“鱼尾纹”。

伤心：眼睛不自觉地眯起，眉毛收紧，嘴角下拉，下巴抬起或收紧。

害怕：嘴巴和眼睛张开，眉毛上扬，鼻孔张大。

愤怒：眉毛下垂，前额紧皱，眼睑和嘴唇紧张。

厌恶：嗤鼻，上嘴唇上抬，眉毛下垂，眯眼。

惊讶：下颚下垂，嘴唇和嘴巴放松，眼睛张大，眼睑和眉毛微抬。

轻蔑：嘴角一侧抬起，作讥笑或得意笑状。

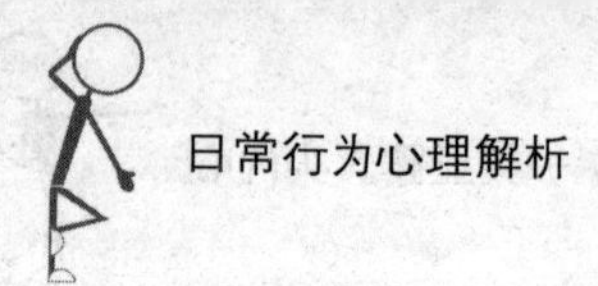

面无表情代表复杂的心绪

陆林和梁静刚结婚时家里一贫如洗，但两个人感情很好，共同为这个家一起努力。后来，生活渐渐好了，两个人的感情却出现了危机。

陆林整日在外面应酬，经常半夜醉醺醺地回家，起初，梁静总为这事和他吵架，每次两人都各执一词，互不相让。每次吵过之后，两个人坚持几天也就和好了，可是，随着吵架次数的增加，这好像成了家常便饭了，陆林和梁静谁也不愿再理睬对方。

但这也不是办法，陆林和梁静还要面对家人和朋友，当别人在场的时候，他们就显得很恩爱，而一旦只有他们独处时，家里就静悄悄的，互不打扰。

随着彼此间的不和发展到极端时，他们每次见了对方都是一副没有任何表情的样子，这样过了不久，两个人就办了离婚手续。

一位心理专家分析，当一个人没有任何表情的时候，并不是说明这个人内心没有任何的情绪。有时候，没有表情是最可怕的表情，背后往往代表着错综复杂的心绪，这种心情一旦爆发出来，往往造成不堪设想的后果。

人类的心理活动很微妙，这种微妙常常会从表情里流露出来，但有些人不愿意这些内心活动被别人看出来，单从表面上看，我们看不出任何的表情，也无法掌控他们内心真正的想法。因为他们认为，在事情没有定论或自己还没有作出决定之前，过多地流露自己的表情只会给他们带来负面影响。

在当代社会的文明礼仪中，我们每个人都会带着一张面具，我们需要用这张面具保护自己。例如，你在单位受到了领导不公平的指责，你很有可能是以一张毫无表情的脸面对领导，领导从你的表情看不出你任何的真实想法。实际上，你现在心中十分愤怒，已经在为自己的去留作打算，当你深思熟虑之后递出辞呈时，领导还没有摸清状况，因为你之前没有表露任何的蛛丝马迹。

一张毫无表情的面具其实是一种自我保护的手段。没有人愿意把内心活动完全暴露出来，每个人或多或少地需要自己的“隐私”。某些人在某些场合很担心自己的心理动态被察觉，于是极力隐藏内心活动，表情和内心形成鲜明对比，令他人无法从表情看透他的真实感情。

很多人都刻意地训练自己没有任何表情的表情，让他人无法从自己的表情中看出任何真实的想法，在他们眼中，这是一种自我保护的手段。所谓“知己知彼，百战不殆”，如果任何人都能轻易地从你的表情中看出你的想法，那你肯定会处于被动地位，如果别人不明白你的意图，那他们至少还会琢磨一段时间，这至少为你赢得了先机。

人类面对任何事，无论大小，都会有一些心灵上的触动。倘若一个人面对任何事都没有表情，那这个人一定是一个城府很深的人。和这样的人交往，你要加倍小心，千万别落到他把你卖了、你还在为他数钱的境地。

同时，面对没有表情的人，我们也要试图从他的手势、脚部动作等细微的地方寻找他真正的想法，及时解除他的心结，以免将来造成无可挽回的损失。

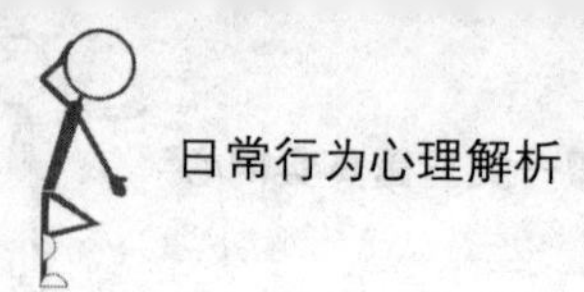

约会时表情显露对方心理

约会对每个恋爱中的人来说都是最浪漫的事情，是心里感觉最幸福的时刻。约会中的痴男怨女，总是试图从对方的表情中看到自己在对方心中的地位，从而得到心理上的满足。

根据约会时的表情，我们可以窥探对方的心理，为爱情的分数多提供一些参考。

类型一：彬彬有礼

这种人嘴角始终挂着微笑，总是一副在认真听你讲话的表情，极具亲和力。

分析：

无论男人或女人，约会时显露出这种表情都会给人留下成熟稳重、富有内涵的印象，是讨人欢心的类型。不过，这种人总是在极力掩饰自己的真正想法与感受，他们像蜗牛一样背着重重的壳，总是对爱情采取一种观望态度，别人很难走进他的内心。和他约会的对象千万不可掉以轻心，因为这种表情并不代表他对你也有好感，有可能他接人待物一向如此。

类型二：全神贯注型

他的表情像太阳一般热情灿烂，眉飞色舞，手舞足蹈，言语幽默，滔滔不绝。

分析：

一见面他就表现出如此的热情，无疑他对你产生了浓烈的兴趣，于是极力表现他的魅力，希望能引起你的注意。和这种人约会，你时时刻刻

都会有惊喜，且能享受浪漫的情调，不过这种人的爱情通常来得快去得也快，他们总能自由地出入爱情的角色。如果你的约会对象是这种类型的人，那你要时刻保持警惕，并设法让爱情保鲜，不断寻求刺激，否则你会很快对他失去吸引力。

类型三：紧张兮兮

满脸通红，并流露出紧张的神情，低着头不敢正眼瞧你，握紧双手，说话还有些“口吃”，身子微微颤抖，不停玩弄手边的小东西。

分析：

这其实是一种很可爱的表情，说明对方已经深深地被你吸引，想和你进一步发展，但是由于太在乎，表情反而变得不自然。这种人一旦喜欢上你，就会很认真地对待这份感情，时时刻刻将你记挂在心上，并珍爱你一辈子，是比较理想的恋爱对象。

类型四：不拘小节

和你在一起很自然，表情没有一点涟漪，就好像和老朋友在一起一样。

分析：

初次见面就有如此的表现，说明对方对你并没有爱的欲望，只是单纯地把你当朋友看待。如果你的约会对象是此种类型，那你对他的爱情最好就到此为止，否则很容易陷入单恋的牢笼。

类型五：冷静严肃

表情镇定自若，抿嘴皱眉，双眼紧紧跟随着你，关注着你的一举一动，像是要把你从外到里看个透彻。

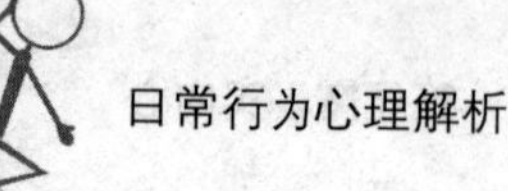

分析：

这种人通常对爱情保持着一种警惕的状态，在对你没有充分的了解之前，会与你保持距离，思考是不是应该进一步和你发展下去，这种人不会轻易付出真心。和这样的人约会会很累，对着这样一张脸，你看不透他的心思，总是不停地揣测，劳心劳神。

类型六：眼神飘忽型

他的眼神恍惚，有点坐不住，常常会四处张望，与你说话也是有一茬没一茬，反应迟钝，时而看看手表，时而玩弄手机，给人“身在曹营心在汉”的感觉。

分析：

在约会时他如此心不在焉，只能说明他对此次约会根本提不起兴趣，无心谈情说爱，只想着能赶快结束约会，逃离现场，摆脱尴尬的境地。对这样一个随时想逃跑的男人，倘若无法忍受，何不随了他的心愿，尽早结束此次约会呢！

第04章　微表情的输出口，解读心灵之窗的秘密

眼睛是人体最重要的器官之一，大部分的外部信息都是通过眼睛获取的，同时眼睛也透露出了大量的信息，一个人的喜怒哀乐都可以通过眼睛表达。眼睛是微表情的输出口，我们往往可以通过其解读对方的心理秘密。

留心观察对方的眼睛

早在一千多年前，孟子就从识人的角度说："要想观察一个人，再没有比观察他的眼睛更好的了。眼睛无法掩盖一个人内心的丑恶，只有心中光明正大，眼睛才会明亮；若心中不光明正大，那么眼睛就会昏暗不明，看人的时候躲躲闪闪。因此，听一个人说话的时候，应该留心观察他的眼睛，这样一来，他的善恶真伪就无处可以隐藏。"意大利文艺复兴时期的画家达·芬奇也从人物画的角度说："眼睛是心灵的窗户。"日莲宗的《妙法尼》也曾经说过："巨人也好，侏儒也罢，其志气乃表现在一尺的脸上；一尺脸上的志气，则尽收在一寸的眼睛之中。"由此可见，在观察一个人的时候，与其察言观色，不如观察他的眼睛。

随着科学技术的发展，经过研究，科学家发现瞳孔不会"说谎"，它是生命机能灵敏的显示器，是大脑的延伸。瞳孔对兴趣的反应灵敏到了使人无比震惊的程度，实验证实，对于两幅相同的画，人们无法分辨出其中细微的差别，而瞳孔的反映却能显示出来。"经常读书且善于思考的人，

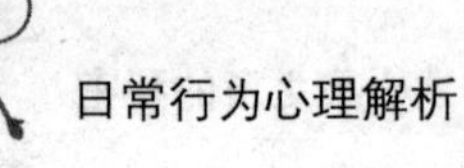

眼神中就会有一种特殊的光芒。”迄今为止，林肯所说的这句话仍然鼓舞着人们用读书来充实自己的心灵，使自己的眼睛熠熠闪光。没有任何两个人的眼神是一样的，对于眼神的细微捕捉，使人们能够准确地把握别人的心理，例如，在危急情况下，人们总是习惯于通过注视对方的眼睛来了解对方的心理变化。举例而言，在情势瞬息万变的赌场上，赌徒会根据庄家瞳孔的变化来投注；在珍宝商场之中，珠宝商也往往会根据顾客瞳孔的大小变化来开出价格。由此可见，眼睛确实是人类心灵的窗户，能够折射出人们内心深处最微妙的变化。因此，在人际交往的过程中，若你想真正地了解一个人，就应该注意捕捉这个人的眼神及其细微的变化，从而更加深入地了解他。

内心真诚、胸怀坦荡的人在看别人的时候往往非常沉静，他们的眼神清澈如水，毫无遮掩地一直看到人的灵魂深处；心怀不轨的人眼神总是躲躲闪闪，鬼鬼祟祟，很多警察正是通过眼神识别出了小偷或者罪犯的身份；心中有疑惑的人眼神也会情不自禁地带着探寻的意味，因为他们时刻想要寻找到答案；怀有赤子之心的人眼神就像孩童的眼神般澄澈，使人觉得无比安静、踏实；撒谎的人不敢用眼睛直视别人，因为他们总是心里发虚，不知道应该如何面对别人的真诚……这就是眼神的魔力，如果你想了解一个人，首先要捕捉他的眼神，这样你才能无限贴近他的心灵。当然，眼神是千变万化的，眼神的变化也是极其微妙的，因此，我们在观察别人的眼神的时候一定要细心，要认真，要严谨。有些眼神的变化非常快，而且持续的时间很短，甚至达到了转瞬即逝的程度，只有细心的人才能够及时捕捉到。

不用询问，只需要看着他的眼睛，妈妈就知道，这次的期末考试，

杰克肯定又没有考好，妈妈悲哀地想着，因为他的眼神已经一览无余地让她看到了真相。今天下午放学回家之后，杰克没有像往常一样扑进妈妈的怀中拥抱她，而是用他褐色的眼睛游移不定地看着她，似乎在寻找着什么。妈妈随口问道："期末考试的成绩出来了吗？"杰克眼神躲闪着，盯着不远处的地方，很快地说："还没有呢，没有。老师说，也许还要再等两天。当然，也许明天就会出来的，也说不定。"杰克很反常，他不是个会说谎的孩子，妈妈总是能够从他的眼睛里看到真相。她佯装无事地安慰他："哦，那就再等两天吧。其实你不必紧张，因为成绩只代表你的过去，态度才决定你的未来！"第二天，妈妈还是没有问，佯装忘记了这件事情，不过，杰克主动把试卷拿给她看。原来他考了七十几分，情况还不算太糟糕，妈妈的心情稍微放松了些。她让杰克自己发现问题，补足差距，她相信他一定能做得很好，也相信他不会再因为考试成绩的事情对她撒谎，因为妈妈的态度已经给他吃了一个定心丸。

在面对别人的询问时，撒谎的人很难做到眼睛直视着别人。当然，若是心理素质非常好的人，有可能会眼睛直视着别人撒谎的。但是，即便如此，他的眼神也一定会显得生硬呆滞，很不自然。虽然知道杰克撒谎了，但是妈妈并没有选择戳穿他，因为她知道保护孩子的自尊心和消除孩子的恐惧心理更重要。

在生活中，我们的心理随时随地都处于细微的变化之中，此时，我们的眼睛会折射出我们内心深处的活动。当然，我们也可以通过这个途径去了解别人，有的时候，人们甚至可以通过眼神与动物交流，由此可见，眼睛是心灵的窗口。

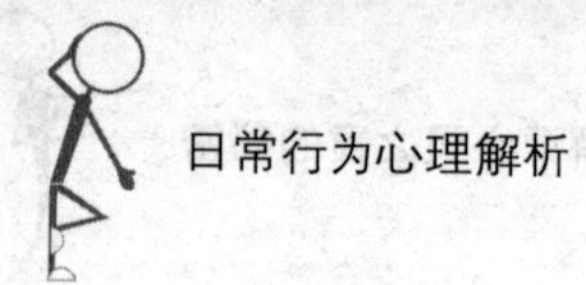

合适的视线停留位置

生活中，在与人交往的时候，尤其是与人面对面地交谈时，我们难免要与别人进行眼神的交流。那么，为了表示自己的真诚，我们是低头不看别人呢，还是直愣愣地盯着别人看呢？这两种方式显然都不是最好的选择。避而不看别人，会使别人无法感受到我们的真诚，直愣愣地盯着别人看，则又会使别人感受到一种局促和压迫，从而产生不好的感觉。那么，面对面地交流时，我们应该把视线放在哪里才能表达自己的真诚呢？

当与别人面对面地交流时，我们既不能盯着别人看，也不能避而不看别人的眼睛，更不能使自己的眼神游移不定。因为游移不定的眼神会给人一种不值得信任的感觉，从而使别人怀疑你，对你产生警惕心理。我们的眼神中应该投射出热情、坦诚和执着，这往往比语言更能够使别人对我们产生好感和信任。

那么，我们应该把视线停留在对方身上的哪个位置呢？首先，我们要勇敢地迎接别人投射过来的目光，不管这种目光表达的信息是疑惑和不满，还是肯定和赞许，我们都要直接面对。一般情况下，在进行短暂的眼神交流之后，我们就应该移开自己的目光，以免彼此之间产生尴尬。研究证实，在与交谈对象进行眼神交流之后，我们应该及时把目光移到对方的双眼与嘴部之间的三角部位，这里是停留眼神的最佳位置，不仅能够使对方感受到你的真诚，而且可以向对方传达出礼貌和友好的信息。在交谈过程中，有些人会把目光放在别人的脖子与胸部之间，这是一个容易引起歧义的位置，尤其是当交谈对象是异性的时候。还有的人把目光放在交谈对

象身边的物品上，这则容易使人觉得你对眼下正在进行的话题毫无兴趣，没有继续谈下去的欲望。也有人盯着自己的脚尖或者是手看，这样的人往往给人一种性格内向、胆小怯懦的感觉，无法使人感受到他真诚而有力的目光。所以，真诚的你应该把目光放在交谈对象的双眼与嘴部之间的三角位置，这样才有利于你们之间谈话的进行与感情的沟通。

在众多的应聘者中，面对着面试官炯炯如炬的目光，只有黎明坚持下来了，因此，他最终从几十个应聘者中脱颖而出，争取到了工作的机会。其实，这是面试官采取的压迫面试，这种面试的目的就在于测试应聘者的心理素质。大多数人在面试官的要求下看着面试官的眼睛，却很难坚持下去，最短的甚至只坚持了几秒钟就移开了自己的目光。只有黎明，他始终在看着面试官的眼睛，并且适时地把目光转移到面试官的双眼和嘴部之间的三角位置上，这样一来，既不会使彼此觉得局促和压迫，又能够继续给对方以被注视的印象。后来，面试官说，只有经受得住目光压力的人，才能在与人谈判的时候镇定自若，谈笑风生，掌控全局，原来，他们招聘的是公司的首席谈判师。

其实，与人谈话的过程也是一场博弈，随着彼此的远近亲疏的关系各不相同，人们之间的博弈程度也是不一样的。朋友之间交流的时候，眼神传递的更多的是信任与理解；亲人之间交流的时候，眼神传递的更多的是关心与体贴；而在商业谈判桌上，彼此之间的交谈则不异于一场没有硝烟的战争，稍有不慎就会导致满盘皆输。而在这种剑拔弩张的谈判中，眼神则是一种无声胜有声的语言，是一种有力的谈判武器。能够游刃有余地用眼神与对方交流的人，才能够拥有强大的气场，掌控谈判的局势。

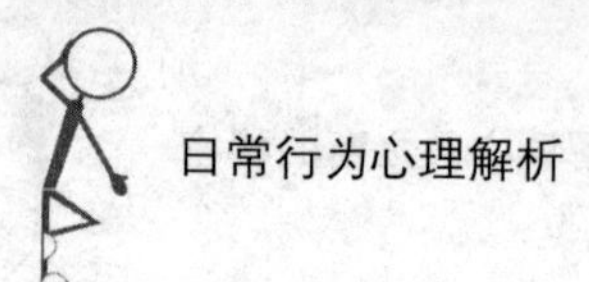

真诚的你应该把目光放在哪里，相信大家现在已经知道答案了吧！

眨眼睛的速度和方式反映其心理

我们在与人交往的初期，由于不能深入了解对方的喜好和做事风格等，往往很难确定对方是否为可交可信之人，因此只能简单地通过对方的衣着、外貌打扮来判断；然而，随着如今人们选择的多样化和设计的个性化，单单透过外表观察一个人显然是不够的，即使了解到了对方的性格特点，也不能够确定对方此时此刻对你的态度和想法。对此，我们该怎么办呢？

据心理学家研究，一个人眨眼睛的速度和方式也能够反映出他的心理变化和思想情况。眼睛是心灵的窗户，通过眼睛的细微变化，你可以清楚地了解到对方的想法和思想情况，一个人是否真诚、是否在讲述谎言，通过眨眼的频率是很容易就能够看出来的。我们每个人每天都在不停地眨眼，正常人每分钟要眨眼10～20次，通常2～6秒就要眨眼一次，每次眨眼要用0.2～0.4秒的时间。不算睡眠时间，一个人一天大约要眨眼一万次，人体中最忙的就是提睑肌了。

我们知道，当外界有飞虫或者其他物体飞向眼睛时，我们的眼睛会快速作出反应，或眯眼或闭眼，避免眼珠受到伤害，同样地，当一个人要通过眼睛表现自己的情绪时，也会利用眼皮来调整视线的穿透力度，或者用眨眼来掩饰自己的慌乱或不知所措。因此，通过对他人眨眼情况的把握，

也能够帮助我们更好地了解对方。

1.高压状态下眨眼频率会提高

正常人在放松的状态下，每分钟会眨眼6次到8次，每次眼睛闭上的时间只有十分之一秒，但是如果此时这个人正处在高压状态下的话，他眨眼的频率就会显著提高，比如撒谎的时候。

2.眨眼时间拉长表示不想和你继续纠缠下去

专家解释说：当人们对他人感到厌倦、无趣或是认为自己高人一等时，眼睛眨动的间隔时间就会远远长于正常情况的十分之一秒。这其实是人们的大脑企图阻止眼前的人进入自己视线的一种下意识的行为。如果有人对你做出这样的动作，那就意味着他已经没法忍受跟你继续纠缠下去，所以他每次眨眼时眼睛会闭上两到三秒钟甚至更长的时间，让你从他的视线中消失。如果他的眼睛一直闭着，那就表示他的头脑里已经完全没有考虑你的存在了。

3.脑袋后仰并长时间凝视你意味着你的表现不够精彩

自高自大的人不仅用延长眨眼的间隔来显示自己高人一等的姿态，有时候还会脑袋后仰给你一个长时间的凝视。通常这种姿势是用来表达蔑视的态度，但是当人们认为自己没有受到应有的重视时，也会做出这个动作。总的来说，延长眨眼的间隔还是属于西方文化的肢体语言，特别是英语国家里自认是上流社会的人们，经常做出这个动作。

如果在你和别人交谈的过程中，对方眨眼的频率变得很拖沓，那就意味着你的表现不够精彩，你需要采取新的策略激发对方的兴趣。如果你认为对方这样做仅仅只是出于高傲，那么你不妨给予这样的回敬：当对方第三次或者第四次长时间闭着眼睛时，快速地向左边或者右边移动一步。这样，当他们再度睁开眼睛时，就会产生错觉，以为你消失不见了；继而又在旁边突然看到你，这一定会让他们吓得不轻。如果跟你谈话的人一边不紧不慢地眨眼，一边渐渐打起了呼噜，那么你完全可以认定你们之间的沟通失败了。

4.东张西望的人对于眼前的人或事物缺乏安全感

当一个人的目光上下左右四处看时，我们通常认为他是在观察整个房间的事物，但实际上这是大脑在搜寻逃跑的路线（就像猴子和猩猩做这个动作的动机一样）。所以，东张西望的神情是人们对于眼前的人或事物缺乏安全感的表现。

当你和一个特别讨厌的人说话时，你本能地会想要看别的地方，寻找可能摆脱这个人的办法。但是，我们大多数人都知道，目光转向其他地方是对谈话失去兴趣的表现，会让对方感受到自己逃跑的渴望，所以，为了避免引起对方的不快，我们会更专注地看着这个讨厌的谈话对象，并且用紧巴巴的微笑伪装出很感兴趣的样子。这样的行为就像我们之前提过的那些撒谎者一样，都是利用增加目光相交而让自己显得更真诚可信。

解读眼部表情的各种含义

早在很久以前，孟子就说："存乎人者，莫良于眸子。眸子不能掩其恶，胸中正，则眸子瞭焉；胸中不正，则眸子眊焉。听其言也，观其眸

子，人焉廋哉？”这句话的意思是说，通过观察人的眼睛，可以知道一个人内心的善恶，因为眸子无法掩饰人的内心。虽然当时的科学研究还远远不如现在这么透彻，但是这句话并不是孟子在胡说，而是有着一定的科学依据的。人类眼部的表情是非常微妙的，而且眼部微妙的表情往往无法掩饰，因此，你可以通过观察交谈对象的眼部表情读取到很多有用的信息，当然，这么做的前提是你必须了解不同的眼部表情所代表的不同含义。

通常情况下，眼部的不同表情可以分为以下几种：眼睛上扬，这是一种假装无辜的表情，当有人误解你的时候，如果你做出这种表情，则意味着你是无辜的；眼睛向下睥睨，则表示轻蔑、不屑一顾，眼睛的这种动作往往还会伴随着嘴角的下撇，表示瞧不起或者是蔑视；眼睛斜瞟，这种眼部的表情有两个含义，一种是害羞的女人斜眼看自己心爱的男人，另外一种则是表示厌恶和憎恶；眼睛弯弯，这种眼部表情表示微笑，细心的人可以发现，即使把一个人的眼睛以下的面部蒙起来，而只观察对方弯弯的眼睛，你也能发现这个人在微笑或者是大笑；眼睛下垂，这种表情表示心机很重，不愿意直视别人，也或者是性格内向，胆小怯懦，不敢抬眼看人；有的人眼球转动的速度很快，方向也在不停地变换，这种人往往感觉敏锐，反应很快，而且很情绪化，容易受到情绪的驱使；相反，有的人眼球显得比较呆滞，眼神的转动不够灵敏，他们往往老成持重，很少因为别人而改变自己的心意，性格温和。当然，眼睛的不同表情还有很多，我们应该根据具体的情形具体分析不同的眼部表情所代表的含义，而不能妄下论断。

有一天放学的时候，儿子被老师留下来了，并且受到了批评，原因是儿子课间的时候带领几个同学用铅笔盒模仿机关枪的样子打闹着玩儿。

听了老师的话之后，妈妈有点儿不以为然，毕竟，在他们年少的时候，上房揭瓦、上树抓鸟都是很正常的事情，现在的孩子被管得死死的，太可怜了，就连课间拿着铅笔盒比划着当机关枪玩都要被叫家长，妈妈的心里不禁有些同情六岁的儿子。尽管如此，妈妈还是给了老师面子，当着老师的面简单地说了孩子几句，无外乎是“以后不要这么做了”之类的话。出了办公室之后，妈妈问儿子：“是谁想出这个主意的？”儿子看着妈妈胆怯地承认：“是我。”妈妈说：“以后在学校不要这么玩了……”接下来该说些什么，妈妈一时之间没有想好，不过，她控制不住地想笑，虽然她努力地绷着脸，因为她知道自己不能和老师唱反调。但是很快，儿子居然开始笑了起来，他眼中的怯意消失不见了。妈妈纳闷地问：“你不害怕了？”儿子高兴地说：“妈妈，你在笑！”妈妈佯装无辜地说：“没有啊，你都被老师批评了，我为什么要笑？”儿子狡黠地笑了笑，笑而不语，原来，儿子从妈妈的眼中看出了笑意，她的眼睛出卖了她。看着儿子轻松愉悦的样子，妈妈也觉得很轻松，本来就不是什么大不了的事情，她希望孩子能够有一个无忧无虑、轻松愉快的童年。

只有六岁的男孩，就能从妈妈努力绷紧的脸上看出微笑的意蕴，是因为妈妈的眼中有笑意。由此可见，成人世界里，在与人交往的过程中，如果你足够细心，你就能够从交谈对象的眼中得到很多有用的信息。

注重与对方的眼神交流

在人与人的交往过程中，眼神的交流是非常重要的，有的时候，眼神的传情达意作用甚于语言。所以，我们应该重视眼神的交流作用，与人面对面交谈的时候多多与对方进行眼神的交流。不过，虽然眼神的交流在熟识的人中间非常常见，但是，在初次见面的人中间，进行眼神交流是有很多注意事项的。不管是躲避别人的眼神，还是直接盯着别人看，不管是目光游移不定，还是一直执着地盯着别人，都是不可以的，否则，非但不利丁彼此之间的交流，反而会对交往起到反作用。

在第一次见面的时候，每个人不同的眼神往往能够折射出其内在的心理，倘若你能够细心观察，就会更加深入地了解对方。初次见面时，先移开视线的人，内心深处往往希望自己能够处于优势地位；被对方注视时马上移开视线的人中，大多数人都非常自卑，或者自身有一定的缺陷；看异性一眼后立刻故意移开视线的人，其实对于对方有着浓厚的兴趣；斜眼看对方的人也表示对对方非常有兴趣，但是心里又很矛盾，不想被对方识破自己的心思；翻眼看人的人往往比较尊重与信赖别人；俯视对方的人其实是想表现出自己的威严；眼神游移不定且眼珠转动的速度很快、频繁变动方向的人大多性格内向，敏感细腻……只有了解了这些眼神的特点及其代表的含义，你才能够更加深入地了解对方，从而更好地与对方实现眼神的交流。要知道，自卑、内向的人非但不喜欢一直盯着别人看，也同样不喜欢被别人紧紧地盯着看；同样的，对于那些热情开朗的人而言，他们喜欢注视着你，也喜欢被你注视，因为你的眼神不会使他们觉得局促不安，反而使他们感受到一种信任……

对于初次见面的人，在进行眼神交流的时候，除了要了解不同的眼神所代表的不同性格特征外，还要了解很多注意事项。首先，人与人之间的交往要建立在相互尊重的基础之上，在看一个人的时候，我们的眼神应该真诚坦荡，千万不能猥琐，更不能肆无忌惮。其次，不要长时间地注视一个人，更不要死死地盯着一个人看，否则很容易使人反感。在与对方进行眼神交流之后，我们可以移开自己的视线，将其停留在对方眼睛下面与嘴巴之间的三角区位置。最后，不要让目光离开交谈对象，否则容易使对方觉得你心不在焉，或者根本就不想继续你们正在谈论的话题。如果我们能够细致入微地观察别人的眼神，了解别人的心理动态，然后再恰如其分地用眼神表达自己的思想，那么我们就能够更好地与初次见面的人交流。

亚南是个大龄剩女，虽然有着“高学历、高收入”的优势，但是“高年龄”已成为了她奔向幸福的瓶颈。很多男人一听到她36岁的高龄就望而生畏，即使是她的同龄人。后来，亚南就开始了断断续续的相亲过程，一次次的相亲使她练就了慧眼识人的本领。在一次相亲中，尽管大家都说那个男人是个打着灯笼都难找的钻石王老五，而且那个男人对亚南表示出了明显的好感，但是亚南坚决地拒绝了他第二次约会的邀请。在父母的再三追问下，亚南终于说出了自己拒绝这个男人的理由，那就是她觉得这个男人“贼眉鼠眼”。原来，这个男人的眼神总是游移不定，而且第一次见面就用目光肆无忌惮地在亚南身上来回地打量，感觉就像是一只饿狼看着一只肥肥嫩嫩的小绵羊。亚南可不想把自己未来的幸福寄托在一只饿狼身上，所以她坚定不移地选择了拒绝。

也许亚南的感觉不是完全正确的，但是，一个人的眼神的确能够反映出很多的东西。尤其是对于初次见面的人来说，任由自己的目光肆无忌惮地在一个陌生女人的身上扫视，这无疑是一种非常不礼貌的行为。正是因为如此，所以亚南才拒绝了那个男人第二次约会的邀请。

当然，在用心观察别人的同时，我们也应该及时调整自己的行为，这样才能够有礼有节地与初次见面的人交往，给别人留下良好的印象。

中篇　微动作

日常沟通中，只有约7%的内容是语言沟通，其他绝大部分属于非语言、微动作交流。微动作，指的是人们借助肢体行为来传达内心的思想，而那些不经意的动作常常隐藏在其中，表露着当事人最真实的内心。

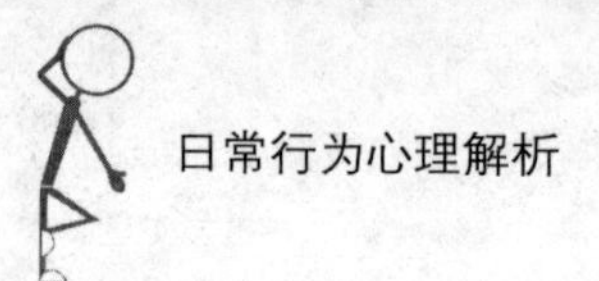

第05章　解读身体语言，了解身体想表达的真实想法

身体语言是日常沟通的必要元素，不同情境下人们的身体语言也大不相同，丰富准确的身体语言可以帮助人们更好地传情达意。通过捕捉微动作，解读身体语言，可以了解对方身体想要表达的真实想法。

如何正确解读他人的身体语言

我们都知道，一个人的性格、情绪、人品都溢于言表，一个人的内心世界也不可能没有外泄的部分，一个人在坐立行时表现出来的身体语言就是很好的表露，只要我们善于发现，然后加以分析，即使“伪装”得再好的人，我们也能发现破绽。

然而，人的身体部位在不同的环境、情景以及受到不同的生理作用的影响下，它们所传达的心理讯息是不同的，只有综合考虑各个方面的因素，才能帮助我们正确地作好心理分析。可能你经常听到身边的人这样说：

“他今天居然连胡子都没刮，一定是跟女朋友吵架了。”

“开会时老板一直看着我，对我点头微笑，一定是觉得我表现很好。”

“他说话时一直在搓手，肯定有强迫症。”

……

有些人喜欢这样揣测他人的心理和情绪，而实际上，这些揣测并不一定正确，原因很简单，他们对他人的身体语言的分析并不到位，比如说，

“胡子没刮”，原因有很多种，可能时间不够，可能是其他生活问题，把原因归结于“和女朋友吵架”未免太过武断；“开会时老板的笑容”可能是针对所有人的；喜欢“搓手”，也有可能是因为紧张，并不完全是因为强迫症导致的……

很明显，如果要正确解读他人的身体语言，我们必须要综合考虑，掌握一些解读的规则，这些规则有：

1.理解要连贯

一些人经常会犯一个最致命的错误，那就是将研究对象的某个动作或者表情分离开来，他们忽视了其他相联系的表情、动作，然后片面地解读他人的肢体语言。

比如，在与人说话时，他们看到对方挠头，就以为对方是尴尬，其实，挠头的原因有很多，比如，去头屑、头痒、不确定、健忘或者撒谎等，所以，其具体含义应当取决于同时发生的其他表情和动作。

其实，和句子一样，我们说的每句话也是可以分解的，可以将其分解为词组、标点等，每一个表情或动作就好比一个单词，而每一个单词的含义都不是唯一的。

因此，只有当你把一个词语放到句子里，配合其他词语一起理解时，你才能彻底弄清楚这个词语的具体含义。以“句子”的形式出现的动作或表情被称为肢体语言群，就好比我们如果想说一句话，就至少需要用三个词语来组织才能清楚地表达说话的目的。可以这么说，如果一个人能够读懂无声的肢体语言长句，并且准确地将它们用有声的话语表达出来，那么，他的“感知力”一定很强，或者说他的“直觉”一定很灵敏。

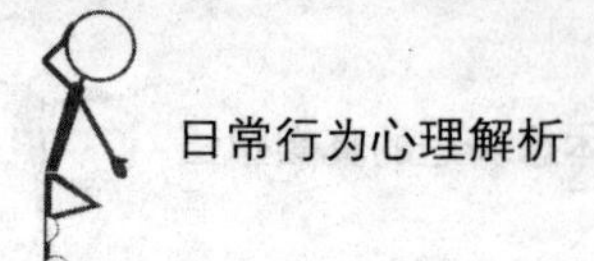

所以，如果你想获取准确的信息，就应该连贯地来观察他人的肢体语言。

当我们感到无聊或是有压力的时候，我们常常会不断地重复做一个或者多个动作。不停地摸头发或玩头发就是这种情况下我们最常见的一种表达方式，可是，假如考虑加上其他动作或表情，同样的动作则很有可能表示这个人心中很焦虑，或是不确定。

2.寻找一致性

研究表明，通过无声语言传递的信息所产生的影响力是有声话语的五倍，而且，当两个不同的人进行面对面交流的时候，尤其当这两个人都是女人的时候，她们几乎会全部依赖无声的肢体语言进行交流，而无视话语所传递的信息。

西格蒙德·弗洛伊德曾经遇到过一个案例，案例中，病人告诉他，她的婚姻生活十分幸福。在谈话中，这位病人不断地将她的结婚戒指取下，然后又戴上，弗洛伊德注意到了她的这一无意识的小动作，他很清楚这意味着什么。所以，当有消息传来她的婚姻出现问题时，弗洛伊德丝毫不感到惊讶，因为一切都在他的意料之中。

观察肢体语言群组，注意肢体语言与有声语言的一致性，就好比两把金钥匙，能够帮助我们打开肢体语言的宝库，从而正确地解读出无声语言背后的真正含义。

3.理解要结合语境

对所有动作和表情的理解都应该在其发生的大环境下来完成。

举个很简单的例子，在大街上，寒风瑟瑟，你看到一个人，他双手

抱在胸前，那么，你应该很清楚的是，他这样做，并不是为了保护自己，而是为了取暖。同样的情况，如果放到谈判桌上，那么，对方的意图就是自我保护，你应该明白，他其实是想借此告诉你，他对你的话持否定的态度，或者他对你持有敌意。

身体就像一个无法关闭的传送器，时刻传送着人们的心情和状态。语言通常用来表达正在思考的东西或概念，而非语言信息则较能传递情绪和感受，因此，在解读时，必须要综合多方面因素考虑。

肢体语言显露其真性情

肢体语言也叫身体语言，是指通过头、眼、颈、手、肘、臂、身、胯、足等人体部位的协调活动来传达人物的思想，是一种可以用来表情达意的沟通方式。从广义的角度来说，肢体语言也包括前文所阐述的面部表情；如果从狭义的角度来说，那么肢体语言则具体指身体与四肢所表达的意义。根据科学家的实验，人们发现一个人在向外界传达完整的信息的时候，单纯的语言成分只占7%，声调则占38%，剩下的比例高达55%的信息都需要由非语言的体态语言来传达。一般情况下，语言是人们经过有意识的组织才说出来的，相比之下，肢体语言则往往是人们下意识的举动，正是因为如此，所以它很少具有欺骗性。因此，在人际交往的过程中，要想更好地了解你的谈话对象，你就应该更加关注他的肢体语言，从而了解他的真性情。

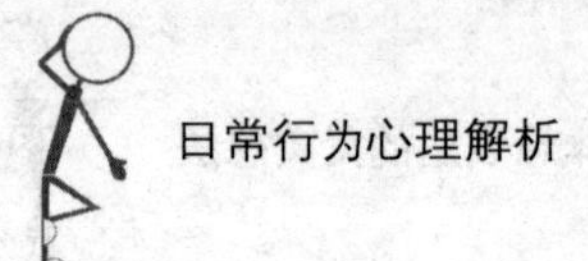

首先，我们需要更加充分地了解肢体语言。每当谈到用肢体语言表达情绪的时候，我们自然而然地就会想到很多惯用动作的含义。例如，我们在兴奋的时候会情不自禁地鼓掌，我们在生气的时候会怒不可遏地顿足，我们在忧虑的时候会不自觉地搓手，我们感到灰心丧气的时候则会垂下头，我们在觉得万般无奈的时候则会摊开自己的双手，我们在感到非常痛苦的时候会捶胸等。不仅当事人会用这些肢体活动表达自己的情绪，别人也可由这些肢体语言辨识出当事人所想表达的心境。不过，事实证明，在用肢体动作表达自己的情绪时，当事人经常毫不自知。你可以仔细回想一下，当你与他人谈话的时候，随着谈话的进行，你时而摇头，时而皱眉，时而蹙额，时而摆手，时而双腿交叉，但其实，你做这些动作的时候都是毫不自知的。正是因为这个现象，心理学家提出了一个假设：如果你与人说真话，那么你的身体将无意识地与对方接近；如果你与人说假话，那么你的身体将不自觉地离开对方较远。此一假设验证的结果正是：和与别人说真话比起来，在与别人说假话时，受试者会无意识地与对方保持较远的距离，而且身体会略微向后依靠，肢体因为紧张而活动较少，只有面部笑容反而反常地增多了，这是因为说假话的人内心紧张并且想极力掩饰自己导致的。倘若你了解这个规律，那么你就可以通过谈话对象的这种反应来判断出他是否在撒谎，从而更好地识别出对方的真心与假意。

当然，除了这种肢体语言之外，人们还有很多形式各异的肢体语言。例如，在面对面交谈的过程中，眯缝着眼睛表示怀疑，质疑，或者是反对。在某些情况下，不停地走动代表当事人的内心非常紧张，坐立不安。在谈话过程中，假如倾听的人身体无意识地前倾，那么表示他对此刻正在

谈论的话题很感兴趣。与此相反，假如听者无意识地身体向后靠，则说明他对此刻正在进行的话题没有任何兴趣，甚至是感到乏味。总而言之，在与人交往的过程中，我们应该成为一个有心人，细心地观察谈话对象的种种表现，从而更好地了解对方的心思，与对方更好地交流。当然，在很多无法用语言表达内心的时候，我们也可以用肢体语言向对方传递我们的心意，从而使对方更及时地、更好地体察到我们的真心。

尽管是好朋友，但是娜也不想把一个宝贵的周末耗费在听莉莉哭诉上。刚开始的时候，娜还对莉莉充满了同情，但是很快，她就发现莉莉根本不想从她这里得到什么帮助，而只想一味地倾诉，无休无止。娜开始暗暗着急起来，她很想让莉莉停止，然后谈论一些有趣的话题。外面的阳光是那么明媚，沉浸在眼泪里不是很傻吗？但是娜不好意思直接说出自己的想法，毕竟莉莉是她最好的朋友。突然之间，娜非常乏味地打了一个大大的哈欠，莉莉似乎意识到了什么。她看到娜不停地在看时间，就问娜："娜，你看我，光顾着说自己的事情了。今天阳光很好，你是否要出去透透气呢？"看到莉莉这么说，娜赶紧接口道："当然，总是在屋子里待着，估计咱俩要发霉了。其实，我倒是建议你先把烦恼放一放，好好地玩一玩，也许你会在不知不觉之间就发现问题已经迎刃而解了！"莉莉采纳了娜的建议，她擦干眼泪，和娜一起去了郊外，在明媚的春光之中，她黯淡的心情似乎也变得灿烂起来了。

面对自己最好的朋友，娜不忍心中断她悲情的讲述；面对明媚的春光，娜同样不想辜负。因此，娜使用了肢体语言，使莉莉意识到自己的哭诉使娜变得无比心烦，因此提议去郊外走一走，接受阳光的抚摸。就这

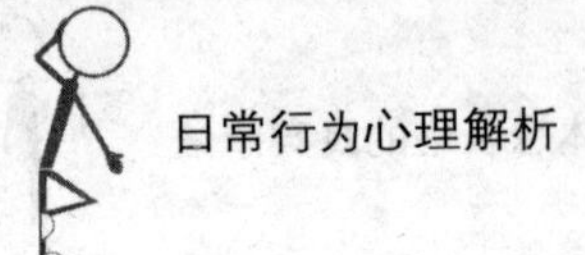

样，原本对娜来说很难张口的问题被一个哈欠和频繁看时间的肢体语言解决了，结局皆大欢喜。

在人际交往的过程中，我们既可以使用肢体语言表达自己的心意，也可以通过观察别人的肢体语言来了解别人。其实，假如我们足够了解肢体语言，那么我们与他人之间的交往就会变得更加顺利和通畅。

同一动作，会有不同的意义

我们都知道，不同国家的文化背景不同，交际方式也不同，我们先来假想一下：

有一个中国男人，他在跟一个美国妇女谈话时看着对方，这是否失礼?

我们通常用摇头表示“不”的含义，在其他国家也是吗?

在大街上，你看见两个同性青年勾肩搭背或者手牵手，你有没有觉得怪异?

……

以上这些都属于非语言范畴，也就是身体语言。的确，我们在与人交往时候，沟通的方式绝不仅限于语言，还有肢体动作，举手投足之间，你都在向别人传递信息。按照中国人的习惯，点头表示赞同，微笑表示欢迎，皱眉表示厌烦等，这些简单的小动作其实都是文化的一部分。

然而，大部分人可能没有意识到的是，即便同一个动作，在不同的文化背景下，它的意义也是不同的。不同的民族有不同的非语言交际方式，

即如点头这个最具有普遍意义的动作，在中国和美国表示的是赞同，但在尼泊尔、斯里兰卡和爱斯基摩，则表示“不”的含义，可能你会觉得匪夷所思，但这就是文化差异造成的。我们在与其他国家的人交流时，即便你能熟练地运用外语，也还是应了解他们的手势、动作、举止所表达的含义，只有这样，才能减少交流误差。

我们先来看下面这个故事：

在美国纽约的一所中学里，有很多外籍学生，其中就有一个十来岁的波多黎各姑娘。她是一名品学兼优的学生，但最近，学校的校长怀疑她和另外几个女孩在学校抽烟，认为她做贼心虚，他的理由是，这名女孩被校长叫到办公室以后，总是低着头，不敢正视校长的眼睛。最后，校长将这个拒不承认错误的女孩赶出了学校。

女孩的父母在知道这件事后，请来家庭教师，这名教师刚好是拉丁美洲出生的，在经过一番盘查后发现，女孩与校长之间只是误会一场。

于是，家庭教师来到校长的家里，并对校长解释说：就波多黎各的习惯而言，好姑娘“不看成人的眼睛”这种行为是尊敬和听话的表现。

校长是通情达理的，他接受了家庭教师的说法，并承认了自己的错误，妥善处理了这件事。这种目光视向不同的含义给他留下很深的印象，也使他深刻感受到各民族的文化是多种多样的。

这就是典型的因为文化差异造成的误会。肢体语言的一个重要方面是目光接触，在一些国家里，人们认为能直视对方的眼睛是很重要的。美国人便是如此。但在美国，不是所有的民族都这样。而在一些英语国家，盯着对方看或看得过久都是不合适的，即使用欣赏的目光看人——如对方长

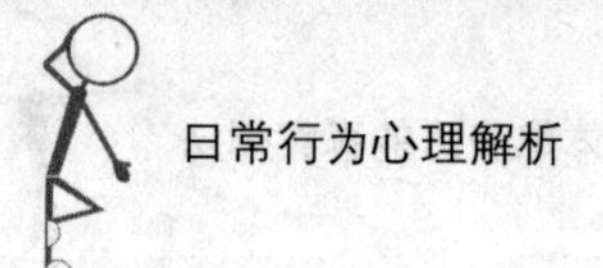

得漂亮，也会使人发怒。

接下来，针对同一动作在不同文化背景下的不同含义，我们可以进行一些简单归纳：

掌心向下的招手动作：在中国主要是招呼别人过来，在美国是叫狗过来。

OK手势：这一手势本来源于美国，表示“同意”“顺利”“很好”的意思；而法国表示“零”或“毫无价值”；在日本表示“钱”；在泰国它表示“没问题”；在巴西表示“粗俗下流”。

翘起大拇指：一般都表示顺利或夸奖别人，但也有很多例外，在美国和欧洲部分地区，表示要搭车，在德国表示数字“1”，在日本表示“5”，在澳大利亚就表示骂人“他妈的”。与别人谈话时将拇指翘起来反向指向第三者，即以拇指指腹的反面指向除交谈对象外的另一人，是对第三者的嘲讽。

V形手势：这种手势是二战时的英国首相丘吉尔首先使用的，现在已传遍世界，表示“胜利”，如果掌心向内，就变成骂人的手势了。

在英语国家里，一般的朋友和熟人之间交谈时，会避免身体任何部位与对方接触，即使仅仅触摸一下也可能引起不良的反应。

除轻轻触摸外，再谈一谈当众拥抱问题。在许多国家里，两个妇女见面拥抱亲亲是很普遍的现象。在多数工业发达的国家里，夫妻和近亲久别重逢也常常互相拥抱。两个男人应否互相拥抱，各国习惯不同，阿拉伯人、俄国人、法国人以及东欧和地中海沿岸的一些国家里，两个男人以热烈拥抱、亲吻双颊表示欢迎，有些拉丁美洲国家的人也是这样。不过，在

东亚和英语国家，两个男人很少拥抱，一般只是握握手。

在英语国家，同性身体接触是个难以处理的问题。一旦过了童年时期，就不应两个人手拉手或一个人搭着另一个人的肩膀走路。这意味着同性恋，在这些国家里，同性恋一般会遭到社会的强烈反对。

总之，不同国家、不同地区、不同民族，由于文化习俗的不同，同一动作的含义也有很多差别，所以，肢体语言的运用只有合乎规范才不至于无事生非。

在不同文化背景下，即便相同的动作，也有不同的含义，事实上，对肢体语言的研究有助于对语言的研究。另外，有些时候，人的动作与说的话并不一致，这时，我们要将二者与整个情景结合起来理解，以免发生误解。

掌握十条戒律，读懂身体语言

在我们的生活中，大部分人都希望能掌握窥探他人内心的本领，因为这能帮助人们更好地参与人际交往，达到自己的交往目的。当然，不是所有人都能掌握这一本领，为此，心理学家建议，要想掌握身体语言的秘密，你需要掌握十条戒律：

戒律1：用心观察，做个称职的观察者。

对于想解密身体语言的人来说，这是最基本的要求。

现在，我们先来假想一下，假设坐在你对面的人正在向你倾诉内心的

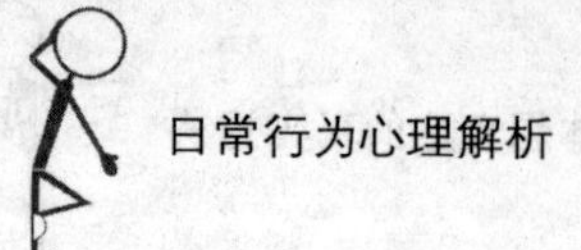

苦水，你的耳朵里却塞着耳机，不难想象，这是一个多么愚蠢的举动，任何一个称职的聆听者都不会带着耳机参与谈话。

事实上，一些人在面对身体语言时，就好比戴了耳机一样，根本没有察觉到对方身体发出的信号。其症结在于，这些信号不是无法发现，而是人们疏于观察。心理学家曾做过这样一个有趣的实验：

为了训练学生的观察力，实验的主导者穿上了大猩猩服饰，然后，他从人群中走过，与此同时，其他的一些活动也在进行，到最后，实验表明，有一半左右的学生没有注意到这只异常的“大猩猩”。

在我们的生活中，可能你也会经常听到一些这样的抱怨：

“那时候我在跟他争吵，但不知不觉中，他居然打了我，我怎么就没有察觉到呢？”

“昨天我的丈夫突然对我提出来离婚，我当时都懵了，我以为他一直很满意我们的婚姻的。”

“学校老师打电话来告诉我，我那十五岁的儿子居然嗑药三年了，但是我一直都不知道。”

“我以为老板对我的工作很满意，没想到他却把我解雇了。”

从这些抱怨的话中，我们看到了悔恨和惊诧，之所以会有这样一些结果，与他们疏于观察是分不开的。

的确，在我们从小到大的学习中，我们并未接受过这门课程的教育，幸运的是，在后天的努力中，我们是可以获得这门技能的。你需要做的是让观察、用心地观察成为你生活的一部分。对周围世界的观察不应该是一种消极的行为，而应该是一种自觉投入的行为，是一种需要付出努力、精

力和专注力方可练就的能力，同时，它也应该是一种需要长期训练才能获得的能力。

戒律2：结合具体环境观察。

观察他人的身体语言时，如果你能将其所处的环境考虑其中，你的理解会更透彻。

比如，假设你所观察的对象是刚目睹一场车祸的人，你会发现，人们表现得很震惊，然后会茫然地走来走去，甚至有可能走向那些经过的车辆，之所以会有这样的表现，是因为人们的大脑受到边缘系统的控制，于是就会出现颤抖、迷失方向、紧张等不适现象。

所以，当一个人出现以上现象时，我们可以想一想其中的原因。

戒律3：认识普遍存在的非语言行为。

有些身体语言具有普遍性，例如：人们有时会紧闭双唇，这说明他们遭遇了麻烦或什么地方出现了问题，于是出现嘴唇按压这一动作。抓住对方一点点不自觉的动作，有时可以有效地处理一些问题。

戒律4：解密特异的身体语言。

普遍的非语言行为构成了一组肢体线索，每个人几乎都是一样的。但还有一种身体语言线索，只专属于某一个个体的独特信号。

想要识别它们，就需要仔细观察周围的熟人，相处越久，就越容易发现。例如，如果你的同学在考试前有挠头或咬嘴唇的动作，你应该明白他这时非常紧张，这样的举动是他缓解压力的方法，以后你便会一遍又一遍地看到。

戒律5：与他人互动时寻找基线行为。

对于你周围的人，你必须注意仔细观察他们，比如，他们的坐姿是怎样的，常常如何摆放物品等，这样能帮助你分辨出他们的常态与特殊状态。

戒律6：寻找多种信息、综合判断。

精湛的应对能力能增强你通过观察获得多种信息的能力，掌握的行为信号越多，越能帮助你接近最真实的答案。

戒律7：一个人行为的变化很重要，它会告诉你这个人的思想、情感、兴趣和意图。

比如，当一个满心欢喜奔向主题公园的孩子被告知公园已经关门的时候，他的行为会立刻发生变化；当我们从电话里听到不好的事情或看到某件令人伤心的事情时，我们的身体会马上对这种改变作出反射。

戒律8：学会发现虚假的或误导性的非语言行为同样很重要。

练就这种区别真线索和误导性线索的本领需要大量的实践和经验，不仅需要用心的观察，还需要缜密的判断。

戒律9：区分舒适与不适，帮助你找到译解非语言行为的侧重点。

戒律10：观察要细微。

生活中，大多数人都注意不到周围世界的细节变化，因此，也就意识不到周围环境的丰富多彩。一个人手脚的动作可能与他的思想或目的大相径庭，却很少有人能发现。

不同笑声隐含着不同的意义

很多时候，人们总是喜欢伪装自己，即使心里想的完全不一样，表面上也是一副道貌岸然的样子，或者心里明明很生气，却佯装无所谓，其实，这就是人的本性——心口总是难一。对此，很多从事人力资源管理工作的人都发现了一个奇怪的现象，即在高兴的时候，人们总是更容易表露自己的真性情，这也是古人创造出了“得意忘形”这个词语的原因。这个词语生动形象地说明了人们在开心、放松的状态下更容易表现出自己真实的面目和性格。因此，要想了解一个人的真性格，我们不如关注他在开心时候的样子，尤其是他的笑声。

在生活中，每个人的性格都是不同的，所以每个人的笑声也是完全不同的。有的人喜欢掩嘴而笑，有的人总是笑不露齿，有的人则喜欢无所顾忌地开怀大笑，即使笑态不是那么地温文尔雅，他们也喜欢开怀大笑的时候那种酣畅淋漓的感觉，还有的人喜欢咯咯咯地笑，就像是一只可爱的小鸡。在这些形形色色的笑声中，如果你是一个有心人，就会发现这些笑声隐含着不同的意义。

一般情况下，喜欢开怀大笑的人性格开朗，心胸开阔，而且非常正直。每当别人取得好成绩的时候，他们只会真心地祝福，而不会心生嫉妒，他们很幽默，积极阳光，而且很富有同情心，从不吝啬帮助别人。喜欢偷偷地笑的人往往性格内向，感情丰富，非常敏感，有的时候也会有些自卑，缺乏自信，凡事都很低调，为人不张扬。笑声富有感染力的人有一颗童心，他们就像孩童一般冰雪聪明，想象力丰富，创造性也很强，常常

会做出一些惊人的举动，他们非常积极乐观，在面对困难的时候从不轻言放弃。在生活中，还有一些人喜欢附和着别人笑，他们的性格大多温顺善良，不会固执己见，总是从善如流，不过，他们比较情绪化，很容易受到别人的影响，心理波动比较大。还有些人笑的时候非常雅致，非但严格遵循笑不露齿的原则，也不会发出声音，他们看起来温柔和善，使别人觉得非常舒服，他们心思细腻，很浪漫，总是喜欢营造浪漫的氛围。笑的时候以手掩嘴的人性格内向，比较保守，从不轻易向别人透露关于自己的信息，而且喜欢默默地观察别人，他们的自我保护意识很强，也不会轻易地向别人透露自己的心思。在生活中，尽管大多人在笑的时候都比较放松，但是还是有些人即使在笑的时候也不忘记伪装自己，他们的笑声听起来非常假，没有感染力，更没有热情和激情，他们的笑总是带着一种敷衍了事的意味，纯粹是为了迎合别人，或者是敷衍别人。这种人城府很深，心机颇重，对人的戒备心理和防范意识都很强。

志铭是一家房地产公司的销售部经理，作为销售团队的领导者，他身上肩负着沉甸甸的责任，每个月都面临着新的销售任务，这使得他的压力很大。而最让他头疼的是关于团队凝聚力的问题，社会是现实的，现实是残酷的，竞争激烈的工作使得同事之间的关系看似和气，实则剑拔弩张。为此，志铭总是想方设法地使同事们放松下来，更好地团结协作。一次，志铭请同事们去唱歌蹦迪，在非常兴奋的状态下，同事们彻底放松了下来，面对着其他同事搞怪的表演，他们一个个都笑了起来。借此机会，志铭默默地观察着他们，通过观察同事们在放松状态下的笑声，志铭更好地了解了他们，在未来的工作中，他根据对同事们的了解为他们安排工作，

使他们人尽其用。果然，他们这个团队的销售业绩越来越好，凝聚力也越来越强，这全都归功于笑声的功劳啊！

在放松的状态下，人们的笑声往往能够表现出自身最真实的性格。作为销售团队的负责人，志铭的当务之急就是了解自己手下的每一个人，借助于唱歌和蹦迪的机会，他做到了。正是因为如此，他们团队的销售业绩才会越来越好，同事之间的相处才会越来越和睦。

辨别不同性质的谎言

对于谎言，大部分人可能无法接受，因为谎言之所以被称为“谎言”，是因为它是虚假的、不真实的、骗人的话语。做人的基本原则就是诚信，也只有这样，才能获得别人的信任，一个人如果经常以谎言去哄骗他人，久而久之，他的人格就会受到周围人的怀疑。

“狼来了”的故事，我们都听过：

从前，有个放羊娃，每天都去山上放羊。

一天，他觉得十分无聊，就想了个捉弄大家寻开心的主意。他向着山下正在种田的农夫们大声喊：“狼来了！狼来了！救命啊！”

农夫们听到喊声急忙拿着锄头和镰刀往山上跑，他们边跑边喊：“不要怕，孩子，我们来帮你打恶狼！”

农夫们气喘吁吁地赶到山上一看，连狼的影子也没有！放羊娃哈哈大笑：“真有意思，你们上当了！”农夫们生气地走了。

第二天，放羊娃故技重演，善良的农夫们又冲上来帮他打狼，可还是没有见到狼的影子。

放羊娃笑得直不起腰："哈哈！你们又上当了！哈哈！"

大伙儿对放羊娃一而再再而三地说谎十分生气，从此再也不相信他的话了。

过了几天，狼真的来了，一下子闯进了羊群。放羊娃害怕极了，拼命地向农夫们喊："狼来了！狼来了！快救命呀！狼真的来了！"

农夫们听到他的喊声，以为他又在说谎，大家都不理睬他，没有人去帮他，结果放羊娃的许多羊都被狼咬死了。

从这个故事中，我们学到了做人的道理——为人必须诚实，这是对他人的尊重，也是获得信任的前提条件，社交生活中也是如此，没有人愿意活在他人的欺骗和谎言中。但万事没有绝对和唯一，针对恶意的谎言，我们绝对要拆穿，但如果对方的谎言是善意的，我们应另当别论，甚至应该为对方守住这美丽的谎言，你会因此得到感激和他人的信任。

生活中，有这样一句话：善意的谎言是美丽的。当我们身边的朋友为了他人的幸福和希望适度地扯一些小谎的时候，谎言即变为理解、尊重和宽容，具有神奇的力量，这样的谎言，我们不该拆穿；当我们的老师为了鼓励成绩差的同学而故意撒些小谎的时候，我们也不该拆穿；当我们发现交际圈中有些人有生理缺陷，而故意采取一些遮掩措施时，我们更不该拆穿……

如果我们帮对方守住这小秘密，会让对方感受到我们的善解人意，并因此感激我们，无疑，这是加深彼此感情的有效方式。通常情况下，拥有

共同秘密的两个人会因此关系更紧密。

这个周日，约翰和往常的每个周末一样，去银行取钱，然后去市区买点家用的东西，而同样，他还会给地铁里那个所谓的“艺术家”十美元。

那是一个四十来岁的男人，虽然潦倒，但似乎和其他的乞讨者不一样，他收拾得很干净，也不说任何乞求路人给钱的话，只是身边放着一把吉他，偶尔有路人施舍一点钱，但奇怪的是，约翰每周从这儿过的时候，都会给他十美元，似乎这已经成了一种习惯。

但这次，当约翰进入地铁里后，那个男人不见了。

在接下来的一个月时间里，约翰再也没见过那个男人。约翰想，他是不是换地方了，还是因为生病，不幸去世了?

当约翰在地铁里徘徊，寻找那个熟悉的身影时，一个陌生男人对他说：“我们老板找您，这一年来，您一共给了他五百多美元，他很感激您，而您和其他施舍者不一样，您知道他自尊心很强，那把吉他只是个借口，正是您的鼓励，他才能有勇气重新返回商界。请您跟我来。”

原来，那个乞讨者，是因为生意失败而落魄潦倒，但在商业伙伴的帮助下，他很快重振雄风。

从此，约翰多了一个上流社会的朋友，当他向其他同事和朋友叙说这件事的时候，大家都觉得很离奇。

其实，约翰看穿了那个乞讨者，那把吉他只不过是个虚设，事实上，这是一个美丽的谎言，但约翰并没有拆穿他，而是维护了那个男人的自尊，让他有勇气重新来过。

出于美好愿望的谎言，是人生的滋养品，也是信念的源动力。我们要记住，如果开诚布公、直截了当是一种错误，你不妨选择谎言；如果真情告白、坦率无忌是一种伤害，你不妨选择谎言；如果谎言能减少对方的痛苦和忧伤，多一点谎言又有何妨？

人生在世，谁都会有一些不愿被提及的事，可能涉及自尊、面子和亲情等，为此，他们可能会撒谎，将事情的真相掩盖过去。对此，我们要给予理解，这并不是纵容谎言，而是成全对方，并不有碍于诚信，相反，这样更容易得到对方的信任。

第06章　面部微动作，眉眼间的细微动作不可忽视

面部微动作在日常沟通中也占据着重要作用，可以增强口头表达效果，不仅如此，还可以起到支持、修饰或否定语言行为的作用，有时可以直接代替语言行为。所以，在沟通中不可忽视眉眼间的细微动作。

鼻子微动作，泄露一个人的内心

我们都知道，人的面部五官包括眼睛、鼻子、耳朵、嘴、眉毛等，眼睛是心灵的窗户，眉毛很灵活，嘴巴很灵巧，而鼻子呢？相比之下，除了耳朵之外，鼻子的表情是最少的。绝大多数人都知道以下列举的这些鼻子的生理功能：鼻子，长在面部的中间位置，是面部的制高点。鼻子有两个鼻孔，鼻孔中还有许多鼻毛，不仅守卫着人体的呼吸道，用鼻毛阻止灰尘的入侵，保证气管和肺部的清洁，而且能对吸入的冷空气加温，以减轻冷空气对气管的刺激。

不过，鼻子还能表情达意，这就鲜为人知了。大家肯定会问：鼻子既不像眼睛那样能够灵活转动，也不像嘴巴那样能言善辩，怎么可能会表情达意呢？的确，一般来说，鼻子除了一张一翕和蹙起来之外，很少能够主动地做出动作，而只能被动地被手捏来捏去，或者摸一摸。然而，虽然鼻子所传递的信息远远不如眼睛和嘴巴丰富，但是，即使这样，鼻子也能给我们提供很多的身体语言信息，是面部表情中不可忽视的微表情。有的时

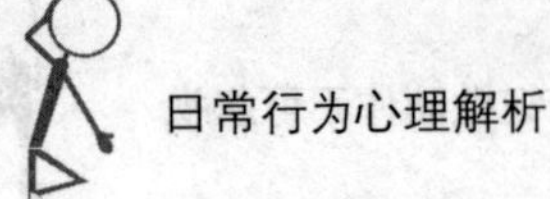

候，鼻子做出的微表情也能够泄露一个人的内心。

有位研究身体语言的学者，为了弄清鼻子的“语言”问题，曾作过一次调查。他选择的地点是机场和码头这些人流量较大的地方，观察了一个星期后，得出了一个结论：人的鼻子是会动的，因此，是有身体语言的器官。他说，在进行观察时候，他发现，人们的鼻子在受到一些异味或者香味的刺激时会有明显的张缩动作，甚至在严重的情况下会微微地颤动，接下来往往就会出现“打喷嚏”现象。他认为，这些“动作”，都是在发射信息。

因此，如果我们也能读懂鼻子部位的语言，那么，我们必当也能更深入地了解他人的内心。

为了便于大家熟记，我们总结了以下9种鼻子的表情达意的功能。

①皱鼻子：表示厌恶。

②歪鼻子：表示不信任。

③鼻孔一张一翕：表示愤怒。

④抖动鼻子：表示紧张。

⑤哼鼻子：表示排斥和蔑视。

⑥抽动鼻子：表示在闻气味。

⑦捏鼻梁：极度疲劳或者思考难题的时候，人们习惯于用手捏鼻梁。

⑧挖鼻孔：这是一个不雅的动作，很多人在公共场合会控制自己不做出这样的举动，不过，仍然有一些人在遇到挫折或者特别无聊的时候，用手指挖鼻孔。

⑨揉鼻子：表示说话人有可能在编造谎言。

考虑难题时，有的人会情不自禁地捏鼻梁，这是因为鼻梁下的鼻窦部位因为紧张会产生轻微的痛感，用手指捏鼻梁是对疼痛的一种反应，能够有效地减轻疼痛。同样的道理，当有人故意刁难我们的时候，为了掩饰内心的混乱，勉强应付，我们会很自然地把手挪到鼻子上，触摸它、揉捏它，甚至还用力地压挤它，似乎鼻子因为内心的冲突而产生了瘙痒感。在不会撒谎的人群中，这种情形尤其常见。

此外，我们发现，当人们在紧张的时候，鼻子便会出汗。我们先来看下面一个故事：

明天上午，亮亮就要和所有参加中考的学生一起上“战场”了。为此，晚上妈妈为他做了一顿丰盛的晚饭，其中还包括亮亮最爱吃的糖醋鱼。亮亮原本吃得好好的，但妈妈为了给亮亮加油，就一个劲儿地说中考的事，她一再叮嘱亮亮明天一定要好好答题，争取考出好成绩，以便进入梦想中的重点高中。

突然，亮亮的脸色变得很难看，鼻子上淌下了豆大的汗滴。看到这情形，妈妈紧张地问：“儿子，你是不是病了?”亮亮马上放下筷子：“妈，我吃饱了。”说完，他就进了房间。

妈妈很不解，儿子到底怎么了？她正准备敲开儿子的房门问问，结果亮亮爸爸对她说：“你还是不要问他中考的事了，他本来压力就大。”妈妈一听，才知道自己做错了。

这里，亮亮的表现说明，紧张和焦急确实会引起身体上的反应，包括鼻子上的汗液增多。当然，紧张过度时并非仅有鼻头会冒汗，有时腋下等处也会有冒汗的现象。

这是为什么呢？因为人们在压力和紧张之下，身体便会因为荷尔蒙的关系而存储热量，接下来，这些热量会相继被传送给身体的其他部位，如大脑和四肢，这时体温便会升高。然而，人的体温只有在正常的温度下才能进行正常的运转，于是，这些体温便会通过汗液的形式排出体外，从而排解紧张情绪。由于汗腺所在部位不同，其对于感觉和心理刺激及对于热的刺激的反应也有所不同。在紧张和压力下，神经一般会因为大脑皮质的原因最先被传达到鼻子上，从而导致鼻子上小汗腺的分泌排泄活动在短期内迅速增强，致使鼻子上汗液增多。

总之，有的时候，鼻子做出的微表情也能够泄露一个人的内心。而有的时候，鼻子的表情未必是真实心理的流露，因为也有可能是习惯使然。为了避免在与人交往的时候引起误会，如果你的鼻子有表错情的坏习惯，那么就要赶紧改一改了。

表面上看，人的五官中，鼻子和耳朵是最缺乏活动的部位，因此，很难从观察静态的鼻子中读出对方的心理。但是鼻子也有自己的“语言”，它能给我们提供很多的身体语言信息，是面部表情中不可忽视的一部分。

嘴部微动作，映射一个人的内心世界

曾经，在美国的一所研究院内，有两个研究员就人的嘴巴作了这样一个研究：

他们通过研究著名的“蒙娜丽莎”画像，发现嘴巴能够表达喜悦和悲哀，而眼睛却不能反映真正的表情，只能反映情绪的紧张程度。第一步，他们在数码化的画像上增加了干扰图案，这样，画像看上去就像一幅模糊不清的电视画面。接下来，为了要达到测试效果，他们继续改变干扰图案。然而，改变的部分只是画像的一半：要么是上半部分，要么是下半部分，这样做有利于他们看出反映人物心情的到底是眼睛还是嘴。

最终的结果很明显，最能体现蒙娜丽莎情绪变化的是她的嘴而不是眼睛。为了验证实验的准确性，泰勒和唐塞维奇还使用了其他女性的照片进行了相同的测试，结果完全一样。

通过这个试验，尽管我们无法否定眼睛表情达意的功能，但是最起码证实了嘴巴的动态也具有非常重要的表达功能。

嘴巴的动态有很多种，在人际交往的过程中，如果能够细致地观察对方嘴巴的动态，就可以洞察对方的内心世界，使交往更加顺利。

盈盈在现在这家广告公司工作三年了，担任的是经理秘书这一职务，她现在拿的还是三年前的工资。为此，她很想跟经理提提加薪的事，毕竟，公司里比她来得晚的新职员都加薪了，她终于忍不住想找老板提出加薪的请求。然而，怎样才能找到合适的时机呢？老板当然不会喜怒形于色，因此职员很难判断老板的心情如何。不过，盈盈平时对心理学书籍比较感兴趣，她曾在一本书里看到，可以通过一个人说话时嘴巴的动态来了解对方的心情。就这样，盈盈整整观察了十几天，突然有一天，她发现老板看起来与往日不同，他的嘴角微微上翘，虽然几乎不易觉察，但还是被盈盈捕捉到了，由此，盈盈断定老板的心情很好。所以，处理完手里的工作后，盈盈来到了老板的办公室，以即将结婚为由，委婉地提出了加薪的请求。果不其然，老板的心情真的很好，他不仅痛痛快快地承诺从本月起给盈盈加薪20%，还说等盈盈结婚时一定要通知他，就这样，仅凭着一丝不易觉察的微笑，盈盈顺利地实现了自己的心愿。

由此可见，在职场中，无论是面对上司还是面对同事，都可以通过观察对方的嘴巴动态来了解对方的内心，从而更加顺利地实现良好的沟通。

那么，我们从人嘴巴的动态到底能看出什么呢？

1.嘴角的弧度也能判断一个人的性格

喜欢把嘴巴缩起的人，做事认真细致，很难敞开自己的心扉，疑心病重；嘴抿成“一”字形的人是实干家，性格坚强，能够圆满地完成上司交代的任务，事业发展相对顺利；嘴角微微上翘的人活泼外向，心胸开阔，灵活机智，为人随和，很好相处；嘴角向下撇的人固执己见，很难被说服。

2.交谈时嘴角的动态能够反映出说话人的内心世界

说话时以手掩口的人性格内向、故步自封，生怕被别人看穿心思；交谈时下嘴唇向前撇，表明不仅怀疑你所说的话，而且想反驳你；上下嘴唇一起往前噘，表明此人处于防御状态；嘴唇的两端略微向后的人注意力比较集中，但是缺乏坚持的毅力，很容易受到他人的影响；在交谈时咬嘴唇或者双唇紧闭的人，可能是在反省自己，也可能是在用心地倾听或者分析对方所说的话；交谈时经常舔嘴唇的人正在压抑着自己紧张或者兴奋的心情。

3.可以根据对方的笑容判断其性格

真笑时，嘴角会向眼睛的方向上扬，眼睛微眯；而假笑或礼貌地笑

时，嘴角则会被平拉向耳朵的方向，眼中没有任何感情。谈话时，如果遇到对方真笑，你正说的内容可以趁胜追击，而得到假笑反馈时则应重新审视自己的观点，或暂时搁置、转开话题。

开口大笑的人嘴巴大张，性格豪放，做事不拘小节，光明磊落，缺点是没有耐心，总是知难而退。

狂笑的人嘴巴近似于圆形，擅长社交，洒脱不羁，给人一种亲切感，喜欢冒险，乐于助人，适合做与人打交道的工作，很容易获得成功。

微笑的人嘴角微微上翘，看起来很和善，性格内敛，沉默寡言，不善于与人交流，比较关注内心世界，心思细腻，擅长分析对方的言语。

用嘴说话是传递信息最主要的手段，正因为如此，人们容易忽略嘴也有无声胜有声的时候。事实上，人的嘴巴是相对比较灵活的，能够做出不同弧度的动作，透过这些丰富的嘴部动态，我们可以掌控一个人内心的情绪波动。

眉毛微动作，展露内心复杂活动

在人们眼睛的上方都长有一对或浓密或稀疏的眉毛，人们常说，眼睛是心灵的窗户，那么眉毛就可以称为窗帘了，从外在功用来说，眉毛可以挡汗、挡脏东西。眉毛不仅是人们面部不可缺少的一部分，而且能通过自身的舒展、收拢、扬起、下垂等动作来表现人们内心复杂的活动。

1.双眉上扬

当一个人双眉上扬时，通常表现出一种非常惊讶的态度或者非常欣赏的心理。例如，一名教师在提问后得到学生非常精彩又很有新意的回答时，他的眉毛会自然地向上扬。此时老师的心里一方面因为学生的回答精彩而对学生非常欣赏，感到很欣慰，另一方面，老师对学生能给出不同于以往的答案而感到惊讶。这样的心理触动了神经，从而使其双眉自然地上扬。

2.单眉上扬

单眉上扬表示一个人对于某事物不能够理解，有很多疑问。曾经有位心理学家做了这样一个实验：他给了一名中学生一本非常有难度的书，让其在没有外界打扰的情况下去读这本书，然后心理学家和工作人员在隐蔽的地方观察其面部动作。结果，人们发现这名中学生时不时地单眉上扬，几分钟后人们去问中学生看这本书最大的感觉是什么，中学生表示这本书已经超越了自己的理解能力范围，非常有难度，最大的感觉就是存在太多疑问。由此可见，当一个人在遇到自己不能够理解的问题、存在很多疑问时会单眉上扬。

3.皱眉头

皱眉头是人们经常会出现的动作，这种动作一般表明一个人困惑的心理或者拒绝、不赞成的姿态。在各种影视剧中经常会出现这样的场景：主人公陷入了困境，点燃了一根烟，望着远方，眉头紧锁。可见这些经常关注生活、注重从生活中取材的演员非常喜欢借用皱眉头这个动作来表现心中的忧虑、困惑。皱眉还可以代表很多种不同的心情，如快乐、怀疑、愤

怒和恐惧等等。眉头深皱的人，一般都是很忧郁的。他们的现状让自己感到不安和抑郁，非常想摆脱目前糟糕的状况，但是又受困于种种原因不能实现。1872年，达尔文从进化论的角度出发，研究了表情的跨文化特性，发现面部表情在任何地方都表达着同样的情绪状态，比如，陷入忧虑时，人们会皱眉头。

4.眉毛迅速上下活动

眉毛迅速上下活动的人，在那一刻的心情是非常愉快的。在讨论问题时，经常会见到一些人听到一些意见时眉毛迅速上下活动，这时，他们的内心对于这些意见是持赞同态度的。另外，在与非常熟悉的人接触时，人们的眉毛会迅速上下活动，这表现了人们内心对于对方的亲切之感。

5.眉毛倒竖

眉毛倒竖的动作，说明了一个人的心情是非常愤怒和气恼的。例如，足球比赛中，对于裁判的判罚非常不满的球员会对裁判怒目而视，眉毛立刻竖了起来，球员内心的不满通过眉毛倒立的动作得到了淋漓尽致的表现。

6.眉毛打结

当一个人两条眉毛相互趋近并呈现一上一下相互纠结的状态时，表明此人有着忧郁的心情和使人难以忍受的痛苦。例如，一些受病痛折磨的人，他们经常会因为疾病带来的疼痛而使眉毛呈现纠结状。

在中国文学里，有很多形容眉毛的，如眉飞色舞、喜上眉梢、眉目传情等等。古代也将蛾眉用作绝代佳人的代称，屈原的《离骚》中有这样的描绘，“众女嫉余之蛾眉兮”，白居易的《长恨歌》中有“宛转蛾眉马前

死”，等等，可见眉毛是很受重视的。眉毛不仅是面部的重要组成部分，而且其一抬一放的瞬间都流露了人们的心理。

美国社会心理学家琳·克拉森被人们称为“读脸专家”。克拉森表示，眉毛最能表露一个人的心理。“如果你遇到的人将眉毛向上挑，此时不要靠他太近，可以先与他握手，让对方主动靠近你，以免让他感觉不舒服。面部的一些细微动作和表情，能够很好地显示出对方的所思所想，所以下次与人打交道时，别忘了注意他的眉毛！”克拉森说。一个人眉毛的变化丰富多彩，不同的动作，表示不同的心态，所以在与人交往时可以注意观察对方眉毛的动作，因为这是借机了解一个人的重要渠道。

了解对方内心，通过其眼部小动作判断

孟子曰：“存乎人者，莫良于眸子。眸子不能掩其恶。胸中正，则眸子瞭焉；胸中不正，则眸子眊焉。听其言也，观其眸子，人焉廋哉？”这句话的意思是，观察一个人，没有比观察他的眼睛更好的办法了。眼睛掩藏不了内心的邪恶，心胸正直的人，眼睛就明亮，心术不正的人，眼睛就浊暗。人的语言和动作都可以假装，但是眼睛是无法假装出来的，因此，想要了解一个人的内心，可以通过眼睛来判断。

相传，清代的曾国藩就是个看人的高手。有一次，李鸿章打算向曾国藩推荐几个人选，当他们赶到的时候，曾国藩刚好外出散步去了，于是李鸿章便示意三人在厅外等候。当曾国藩散步归来，李鸿章请他去考察那

三个人时，却被曾国藩拒绝了。原来，他在散步回来的途中刚好看到那三个人，根据这三人当时的神态，曾国藩的心里早已有了主意。于是他向李鸿章说道："这三人当中，左边的那个人忠厚老实，办事比较谨慎，可以派其从事后勤供应之类的工作；中间那个是个阳奉阴违的人，不能担当重任，只能让其从事一些无足轻重的活；至于右边的那人是将才，有大将气度，将来定有作为，应予以重用。"

李鸿章听完以后，很吃惊，问他何时考察出来的。曾国藩笑着回道："刚才我走到这三人身边时，左边的那个低头不敢仰视，可见比较老实，做事小心细致；中间的那个人，表面上毕恭毕敬，待我走后，却左顾右盼；至于右边那个，始终挺拔而立，双目直视前方，不卑不亢，有大将的作风。"而曾国藩所指的具有将才的人，就是后来的淮军勇将、担任台湾抚巡的刘铭传。

曾国藩根据三个人眼睛的变化，判断出他们三人的性格。通过眼睛看人心的方法，由来已久。眼睛，可以将一个人的心理活动完完全全地表露出来，只要懂得了其中的玄机，就可以通过眼神，准确地判断他人的性格特征，从而作出正确的选择。这样一来，可以缩短发现人才的时间，提高办事效率。

那么，要如何做才能做到真正意义上的通过眼睛识人？首先必须要做到细心观察。

眼部动作的变化受大脑意识的影响，当一个人内心发生变化的时候，他的大脑会对眼睛发出相应的指令，当眼部接受这个指令后，便会做出相应的动作。人际交往中，只要能够把握住对方眼部小动作，便可以轻松地

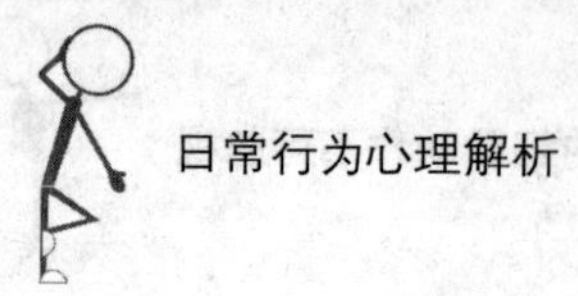

了解他内心的活动。

比如，一个内心正直的人，他往往做事光明磊落，内心无所畏惧，因此，与人交往时，会目光坦荡。相反，那些心怀鬼胎的人，因为内心不平静，所以与他人目光接触时，会害怕他人的注视，而有意地躲避双方的目光交流。

总之，一个人内心的真实想法，会通过眼部的小动作准确地表达出来。人际交往中，如果能够留心观察对方的眼部动作，相信你也可以从中获得重要的信息。如果能够把这些知识巧妙地运用到交际场上，你也可以轻而易举地了解一个人。

眼睛微动作传达其真实内心

俗话说“眼睛是心灵的窗户”，一个人有一对明亮黑大的眼睛能给人一种醒目的感觉，同时能散发一种灵性。眼睛不但能使人看到世间的事物，而且能传情达意，也就是人们常说的“眼睛会说话”。所以，一双水汪汪亮晶晶的大眼睛不仅能吸引人，而且能表现一个人的心灵秘密。

1.眼睛不看着对方

正常的情况下，两个人在交谈时，聆听者一般会注视着对方，以表示尊敬。当一个人在聆听对方所讲的话语时，身体的姿势没有大的变化，但是并没有注视着对方，而是将视线转移到别处，说明此人并不关心对方所说的内容，内心正在考虑一些与讲话者所谈内容毫无关联的事情。如果在

谈话逐渐深入的时候聆听者将视线转移到其他地方，却不时地点头或者做出一些面部表情和身体姿势来表示自己的看法，说明其本性善良，懂得尊重别人，只不过也许是阅历不够丰富或者心理素质不够，而略有羞涩。

2.眼睛瞪着对方不放

当一个人在交谈中瞪着对方，身体显得非常僵硬时，说明其意识到自己的谎言或者罪过即将被揭穿，因此出一种看似非常镇定的姿态，借此迷惑对方或者作面对事实的心理准备，此时，颇有种听天由命的心态。一些影视作品中经常会出现这种场景，当然这些作品将这种反应作了夸张的表现，通过借用艺术手法将这源于生活的一幕表现得更加醒目，使人印象深刻，从而也更加说明，在人们的眼睛出现这一表现时，其内心的想法是不作解释，听天由命。

3.眼神闪烁不定时

当一个人在与他人交谈时，眼神总是闪烁不定，说明其内心正在做复杂的活动。也许是正为一些事情担忧，而无心去交谈，或者不知如何去道出自己内心的担忧。也许是由于此人不够自信，对于自己说的不够确定或者不想为自己所说的承担责任。要不就是因为这个人试图说谎，想瞒天过海，心理素质又不过硬，导致内心的闪烁由眼睛的活动表现出来。

4.眼睛突然放光发亮

人们在交谈时一定遇到过这样一种情况，那就是当一个人在仔细聆听对方讲话时，突然两眼放光，眼睛一下明亮起来。这种情况说明讲话者所说的话道出了此人的心声，例如，当一个人心里想说些什么又碍于一些因素无法表达时，恰巧对方说出了自己心里最急于表达的事情，此人的眼睛

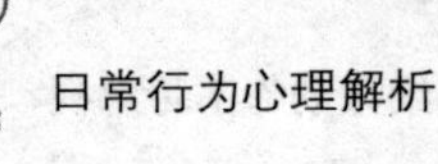

就会突然发亮。

5.眼睛上扬

眼睛上扬的动作一般表示自己很无辜。在对方正在讲述一些事情的时候，聆听者的眼睛上扬，那么则是在向说话者表示自己真的是无罪的，是被误会的。西方人在做这个动作时，非常明显，甚至夸张，他们经常会用双手摊开、耸肩等动作来配合眼睛上扬，使他们看起来更加无辜。

6.眼睛眨动

当一个人在讲话时眼睛总是眨动，是在表明一种不敢相信的态度。例如，人们在面对一个喜欢吹牛皮的人时，经常会对此人天花乱坠的话不断地眨眼，或者在面对一些让人们感到惊奇的事物时眨眼睛，这都反映了人们内心“简直不敢相信眼前的一切是真的”的想法。另外，当一个人眨眼的动作比较快时，则表明其正在极力抑制内心的压抑心情，避免眼泪流出、哭泣等。

7.挤眼睛

挤眼睛的动作会使一个人在一瞬间非常有魅力。这个动作所传达的意味包括表明和某人之间的默契、表示共同的看法，以及强烈的挑逗意味。平时关系非常好的两人会在一些问题上挤眼睛，以表示“没问题”“跟我想得一样”等意思。在对异性挤眼睛时，则表示的是一种充满魅惑意味的挑逗。

著名导演斯坦尼斯拉夫斯基晚年时要求演员在表演时把自己的动作姿势降低到最低限度，要求“几乎任何动作也没有，只有眼睛在动”。电影《克莱默夫妇》中，为争得对儿子的监护权，夫妇俩对簿公堂，当听证与

辩护对克莱默夫人不利时，她抬起那双闪烁着泪花的眼睛，直勾勾地望着丈夫，眼睛里透露出处于绝望无援、渴望丈夫念夫妻恩爱之情的求助感。

此时，眼睛所传达的信息是丰富的，再出色的言语、动作所表现的内涵都无法和眼睛中流露的信息相比，也许正是因为眼睛传达的内容胜过动作和言语，所以艺术家们才喜欢用眼睛来刻画人物的心理。正如爱默生所说的："人的眼睛和舌头所说的话一样多，不需要字典，却能从眼睛的语言中了解整个世界。"

眼睛会传达主人的心思，在交谈的过程中，只要我们细心观察就可以发现。所以，想要了解一个人，一定要注意观察他的眼部动作。

眼神暴露其内心的秘密

一个人深层心理的欲望和感情，首先会反映在视线上，视线的移动、方向、集中程度等都表达不同的心理状态。与人交往中，可以透过他人的眼睛观察到对方的内心。眼睛视线的变化，可以带来不同的眼神，正是这些眼神泄漏了我们内心深处的秘密，视线是人与人沟通交流的前奏。

人际交往中，一个人的视线可以从不同角度和不同的观点来了解。我认为大致可以从以下几个方面来探讨：

第一，对方视线放在哪里？最先要考虑的，即对方有没有看你。

第二，视线的动态中，对方是一直看着你，还是视线立刻转移，其心

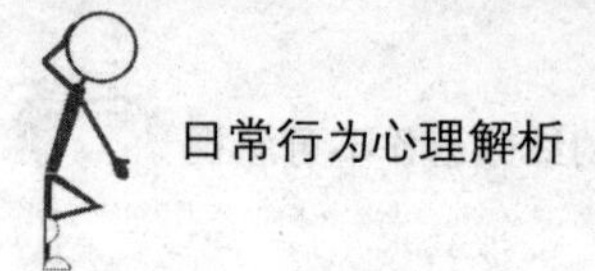

理状态是不同的。

第三，视线的方向，看对方是否直视着你。

1.交谈中，对方的视线有没有看你，这关系到对方对你的谈话有没有兴趣

与他人交往时，如果对方完全没有看你，便可以认为对方对你完全不关心、无兴趣，也没有亲切感。如果对方的眼睛看远方，表示对你的谈话不关心或在考虑别的事情。

例如，当你很有诚意地向某人说话时，如果对方的眼睛注视别的地方，则表示对方心中正在盘算别的事情，出于这种情况，你可以把说话权留给对方，通过倾听了解对方目前的想法，以便双方能够更好地交流。在这里需要注意，这种情况通常在陌生人之间不太适用，正常情况下，陌生人会偶然视线交汇，但通常不到一秒钟就会把视线转开。

同样这种情况，如果运用在女性身上，表现结果就不太一样。心理学家R·V.爱克斯莱等人做了一项实验；把事实告诉被实验者甲，然后要他在单独面对乙时将事实隐藏起来。尚未把事实告诉男性时，大约有66.8%的时间，男性会在一对一时直视被实验者乙，但是在接受事实指示后，直视对方的比率便降低为0.8%；而女性在接受指示以后，直视对方的比率反而上升到69%。结果表明，女性在拒绝沟通时，可能会采取注视对方的方法，以掩饰自己的内心。

2.在交往活动中，通过观察人的视线移动，也能透视人的心态

通常情况下，眼神的活动方式，反映着人们的心态。人际交往中，能够目不转睛地注视对方谈话的人较为诚实。与他人交谈时，两人初次见

面，先移开视线者，一般性格较为主动，同样，如果在受他人影响时才移开视线，则另当别论。通常，当人们心中有愧疚，或有所隐瞒时，才会把视线主动地转移开来。

有这样一个小故事。某地地处繁华街市的几家商店，经常发生偷窃行为，这几家店主为此想了好多办法都毫不见效，一度苦不堪言。这时，有一位聪明的建筑师非常同情几家店主的遭遇，就想出了奇妙的主意来对付这些贼。他画了一幅皱着眉头的眼睛的抽象画，镶于大透明板上，然后悬挂在几家商店前，建筑师的用意很简单——想借此减少偷窃行为。刚开始，很多人都不相信就靠这么一幅画就可以改变目前的局面。但是令人意想不到的是，在悬挂期间，果然偷窃率大大降低。

在这个故事中，虽然墙壁上画的并不是真正的眼睛，但对那些做贼心虚的人来说，他们不敢与这双眼睛对视，每次总是极力避开该视线。因为内心原因，他们无法坦荡地与这双眼睛正常交流。在店内行窃时，他们总会产生被盯上的感觉，因而不敢再到这里来。由此，可见视线的移动，可以反映一个人内心的活动。

3.在交往活动中，通过观察人的视线方向，可以透视人的心态

在交谈过程中，双方的视线总是不停地变化着方向，这是由于人们的心态随当时、当地的情境在发生着变化，因此，人际交往中，我们可以通过观察他人的视线方向，了解某人当前的内心状况。比如，对方的视线是斜视时，就表示拒绝、藐视的心理。

人们在交谈时，常常可以看到对方斜视的眼光。这种眼光的特性，一般表示拒绝、轻蔑、迷惑、藐视等心理。如果与他人交往时，对方的视线

是斜视的话，可以在自己心里回想一下交往的全过程，找出问题所在。但是，有时候也会出现虽然是斜视，脸上却略含笑意的眼神，此时表示对对方怀有兴趣。

人际交往中，通过观察他人的视线，可以准确地把握他人的内心动态，有利于掌控人际交往的主动权。

第07章　肢体微动作，举手投足间透露人的真实内心

与人交流沟通时，即便不说话，也可以凭借对方的肢体微动作来探索对方内心的秘密。尽管人们可以在语言上伪装自己，不过肢体微动作还是经常会出卖他们。所以，解译人们的肢体语言，能够更准确地认识自己和他人。

解译手部动作，准确认识他人

在人类的各种肢体语言中，手势的动作幅度是最大的，同时方式也更加多样和灵活。在人类的进化过程中，双手是劳动不可或缺的关键部位，因此发挥了至关重要的作用，推动了人类的进化历程。我们都知道，一个人的语言可能会欺骗你，但是他的身体语言不会，人们可以在语言上伪装自己，但身体语言经常会“出卖”他们，因此，解译人们的手部语言密码，可以更准确地认识他人。

FBI特工克里斯·基特在多年的办案中，发现这样一个有趣的手部动作：当他向罪犯询问情况时，罪犯一开始都会为自己作强有力的申诉，并不时用尖塔式手势加以强调，而一旦谎言被揭穿后，罪犯便会立即把拇指伸进口袋，以掩饰内心的惶恐和不安。

可见，手部的动作可以在一定程度上反映人的心理活动。我们再来看下面一个故事：

青青在一家民营企业工作，她在大学学的是心理学，对人的心理颇有

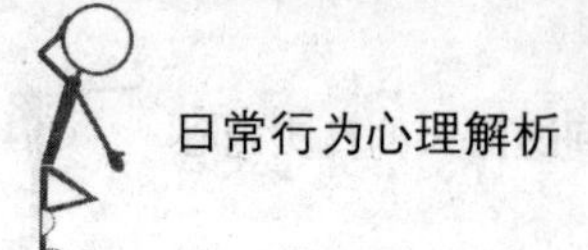

研究，为此，公司让她全权负责对外谈判业务。

有一次，公司正在与一家大型外企接洽，能否做成这单生意关系到公司下半年的经济效益，于是，老总给青青下了死命令——务必要顺利拿下订单。

经过一系列的准备后，青青带着项目书亲自到外企拜访，进行深入沟通，以使项目设计更加完美。在交谈的过程中，青青看到对方负责人拿出了一张A4纸，上面密密麻麻地写满了对项目的意见、建议以及不满意的地方。不知不觉之间，对方负责人还把双手交叉放在了胸前，脸上写满了质疑。见此情景，虽然对方负责人并没有明确说什么，但是青青马上打起了十二分的精神，停止了解释，而是一项一项地开始按照客户的意见完善方案，即使觉得客户的方案不好，她也没有反驳，而是有理有据地把自己的设计方案为客户演示了一遍。在青青专业、敬业、耐心、真诚的演示下，客户的双臂渐渐地放了下来，投入了与青青的讨论之中。至此，青青才松了一口气，最终，她顺利地为公司签下了这个大订单。

在这则职场故事中，我们发现青青是聪明的，她在看到客户把双手交叉放在胸前时，就立即意识到这是客户想拒绝和否定的意思，于是，她及时调整策略，成功地打开了客户的心扉，最终才能顺利签约。相反，假使她看不懂客户的手势语言，而是选择一味地解释，那么，客户肯定会认为她是在强词夺理，从而更加反感她。由此可见，小小的手势也暗藏着玄机。

手势语言能够生动地反映人类的内心世界，如果能够详细了解这些手势的含义，就能帮助你更加顺利地洞悉他人内心。比如，在现实生活中，

很多时候，人们都会摩擦手掌，摩擦手掌代表着丰富的含义，适用于各种情境。摩擦手掌的时候，速度不同，反映的心理状态也不同，摩擦得慢，表明犹豫不决；摩擦得快，表明满怀期待。

我们在与人交流沟通时，即使不说话，也可以凭借对方的手势来探索他内心的秘密，对此，我们可以作出以下总结：

1.如果对方有以下动作，表明他可能在说谎

当你与对方交谈的时候，你发现他有这样的动作——不时地拉衣领，这说明其心虚。此时，你可以这样试探他："请你再说一遍，好吗？"如果对方支支吾吾，前言不搭后语，则对方极有可能在说谎。

如果一个人说话时下意识地用手遮嘴或摸鼻子，则代表其有说谎的嫌疑。

2.如果说话对方出现以下动作，表明他对你所说之话抱有消极的态度

当你兴致勃勃地表达自己的观点时，对方却不时地抓耳朵，表明他对你的话已经不耐烦了，希望你打住话题，也可能他希望你能给他一个表达的机会。

如果与你交谈的是一个群体，当你说话的时候，他们出现了交叉双臂或用手遮嘴的动作，则表示他们根本不相信你的话。

说话时用手搔脖子表示人们对所面对的事情有所怀疑或不肯定。

3.为了获得他人的信任，产生积极的谈话效应，我们可以尽量做出以下动作

说话时，尽量手心朝上，因为这一动作所传达的信息是：我是坦诚

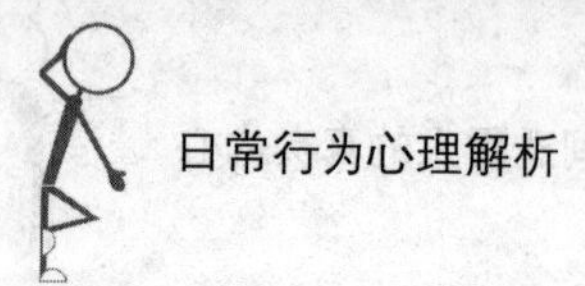

的、不说谎的。

摊开手掌更易赢得他人的信任，但如果这是你的习惯性动作，那么就不灵了。

握手时掌心向上，并垂直与对方握手，能表明你性格温顺，为人谦虚恭顺，愿以彼此平等的地位相交。

我们与人交往的过程中，如果能掌握一些手势信号的话，就可以察看出对方的内心活动，从而来判断他的用意、心思，这远比语言更具真实性！

遮掩嘴巴，下意识的说谎动作

我们先来看行为心理学家戴斯蒙·莫里斯博士做过的实验：

他让研究人员把护士作为测验对象，要她们有意识地对病人谎报病情。通过录像观察，这些护士在说谎时，比平常实话实说时使用了更多的用手掩饰嘴部的动作。

由此他得出结论：手遮嘴的动作有说谎的嫌疑。因此，与人交谈时，如果对方不自觉地时常出现用手捂嘴的动作，当说到与之相关的关键点时，他甚至有意假咳嗽以便用手来遮嘴，那么就要对这人说话的真实性多加留意，因为这时也许他在说谎。

我们再来看看下面这一场景：

客户："我看我还是不买了，我刚在隔壁商场买过一套差不多的。"这位小姐还是放下了刚刚试过的一套化妆品，挑选了很久的她终于停下了

脚步。为其介绍产品的是销售员小李，小李听到客户这样说，并没有放弃推销，因为她发现了一个很小的细节：客户在说这句话的时候，下意识地用手遮住了嘴，学过销售心理学的她明白，客户其实并没有说真话，而同时，客户进店后并没有再看其他产品，这更让小李确信自己的判断。

于是，她尝试着问："小姐，您是不是觉得这款护肤品贵了呢？"

客户："是有点贵。"

销售员："那您认为贵了多少钱呢？"

客户："至少是贵了500元吧。"

销售员："小姐，您认为这套化妆品能用多久呢？"

客户："这个嘛，我比较省，怎么也要用半年吧。"

销售员："如果用原来牌子的化妆品，要用多久呢？"

客户："原来那个两个月要买一套吧，因为效果不太明显。"

销售员："这样吧，您看原来那个牌子的化妆品是200元一套，可以用两三个月，我们按照三个月计算，您半年需要花400元。但是小姐，实不相瞒，我们这款化妆品如果您比较省，至少可以用一年，这是所有客户共同得出的经验。由于它含有的营养成分比较多，所以只要稍微用一点，就可以了。"

客户："真的是这样的吗？"

销售员："这是我的客户共同的见证。这个周末您有时间吗？我已经约了所有客户参加一个联谊，希望您也能参加。"

客户："这样啊，好，我相信其他女孩子的眼力……"

这则案例中，这位化妆品推销员的销售方法值得我们学习。她之所以

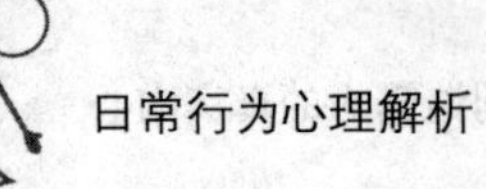

能判断出客户的反对意见“我看我还是不买了，我刚在隔壁商场买过一套差不多的”并非真实的，是因为她观察到客户的一个动作——下意识地用手遮住了嘴，一般来说，这是人们没有说实话的表现。

的确，人们所表现最显著、最难掩的部分，不是语言，而是下意识行为。人人都会说谎，但世界上没有不会被看穿的谎言。行为心理学家认为，我们不仅可以从一个人的面部表情识别其话语的真实性，更可以通过其肢体动作看出其话语的真实性。因为说谎是一种复杂的行为，要做到让人相信，需要动员全身的器官共同“演戏”。一般来说，无论一个人的说谎技术如何高明，为了掩盖谎言，他都会无意中做出一些小动作，因此，善于观察的人，光看一个人的动作就可以判断对方是否在说谎。

综合来看，你就不难作出准确的判断。如果说话者用手遮嘴，那么他就有“心口不一”的嫌疑。反过来，在你说话的过程中，如果对方用手遮嘴，且是一对一的交谈，你最好暂停下来，问一问他是否有不同的意见；如果你的听众是一个集体，听你诉说的很多人出现了交叉双臂或者用手遮挡嘴部的动作，那么他们向你传递的信息是你说的不符合实际或你说的他们不感兴趣，这时你就要斟酌一下演讲内容，调整一下演讲的风格和角度，尽可能扭转这种不愉快的局面。如果你置这种负面氛围于不顾，坚持讲下去，就不会有什么好效果，甚至会引起对方的质疑。

当然，一个人说谎时也可能有其他一些小动作，如摸鼻子，摸鼻子的姿势是护嘴姿势比较世故、隐匿的一种变化方式，可能是轻轻地来回摩擦着鼻子，也可能是很快地触摸。女性在做这种动作时，会非常轻柔、谨慎，因为怕脸上的妆被弄糟了。曾有心理学家称：当不好的想法进入大脑

之后，大脑下意识就会指示手遮着嘴，但到了最后关头，又怕表现得太明显，因此，就很快地在鼻子上摸一下。和遮嘴一样，摸鼻姿势在说话人使用时则表示欺骗，在听者使用时则表示对说话者的怀疑。

一个人用手遮嘴、用拇指压着面颊，是他的潜意识中大脑指示手做这样的姿势以压制谎言从口而出。有时只是几只手指，有时整个拳头遮住嘴巴，但意思都一样。遮掩嘴巴，是想隐藏其内心活动的特有姿势。

不同握手方式显示不同性格

我们知道，人是这个世界上最具智慧的一种动物，人能了解许多事物，却难于了解人本身，难于捉摸的是人的心理、需求、欲望和人的个体特征，但也并不是无从了解。

现在我们来回想一下，与人见面时，做的最多的动作是什么？应该是握手吧！其实，握手这个简单的动作，也暗藏玄机。美国心理学家伊莲嘉兰曾对握手的含义进行了分类，分析认为：握手有8种类型，每种类型代表着不同的含义，显示出不同的性格。

握手是社交活动和商务礼仪中不可或缺的一部分内容，虽然这里面包含了很多礼仪规则，但是，人们还是喜欢按照自己的方式来进行这个“仪式”。从人们不同的握手方式中，我们可以看出他们内心的一些想法。我们先来看下面一个故事：

杨慧是一名刚从学校毕业的大学生，娇生惯养的她选择去农村锻炼，

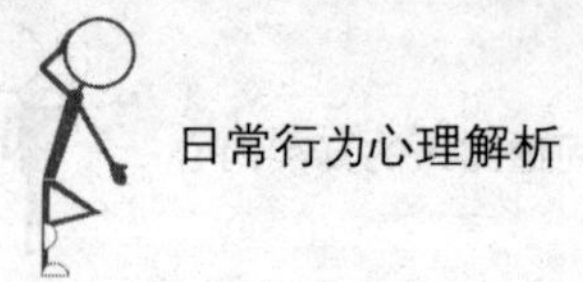

尽管她的父母都不同意，但她还是踏上了去基层的车。

杨慧听学校的老师说，她要去的那个农村的村民都很热情。果然，还没下车她就看到了村民和孩子们在村口拉起了横幅迎接她，等她从车上下来，村长就凑过来，用双手紧握杨慧的手。接下来，村民们都挨个儿用同样的方式跟杨慧握手，杨慧都不知道怎么回应了，就只好和他们拥抱，不到一会儿工夫，大家都熟稔了。杨慧心想，只有农村这样一片热土才能养出这一方热情的人。

这则故事中，迎接杨慧的村民们都是热情十足的人，从他们握手的方式就能看到——用双手握手。生活中，当别人把你介绍给某人时，你真的很高兴认识对方，你用双手握着对方的手，是因为你不遵守传统习俗或社交礼仪，无论对方是男性或女性，你都会随兴亲吻和拥抱对方。有些人不太习惯你的开放作风，可能会抱怨你太过热情。但最后，这些人都大吃一惊，因为他们发现自己居然也用同样热情的态度响应你。

每一个人握手的方式多少都会有点不同，握手方式与性格有着密切的联系，以下是八种握手方式，不知道你是哪一种呢？

1.蜻蜓点水型

握手的时候力度非常轻，只是轻柔地接触。这一类型的人随和豁达，不是一个偏执的人，非常洒脱地游戏人间，非常地谦和。

2.摧筋裂骨式

在握手的时候会紧紧抓着对方的手掌，力度很大地挤握，对方会感觉很疼。这一类型的人精力充沛，自信心很强，是一个独断专行的人，但是在领导和组织方面才能出众，是个适合做领袖的人。

通常来说，那些喜欢使劲捏别人手的人，大多做起事来风风火火的，也很少听从别人的意见。但是，这种毫不压抑自己真实感受的做法释放了他们心中的压力。

3.双手并用型

在和人握手的时候喜欢两只手一起握住对方。这一类型的人非常热忱温厚，心地很善良，会对朋友推心置腹，个性爱憎分明。

4.规避握手型

这一类型的人不愿意和别人握手，他们的个性比较内向，胆怯。虽然保守，但是很真挚，不会轻易地将感情付出，但是一旦有了情谊之后，这份情会比金坚，不论是对朋友还是爱人。

5.用指抓握型

在握手的时候，只用手指的部位握住对方的手掌心，不和对方有过多的接触。这一类人一般比较敏感，情绪很容易激动，但其实个性平和，心地也是善良的，有同情心。

6.持续作战型

如果对方握着你的手，很长时间没有收回，即“持续作战型”。这表明他对你很感兴趣，想大胆直白地与你进行更深入的交流。但是，如果在谈判前对方握着你的手不放，则可能是他在测验两个人之间的支配权，此时如果你先收回手，说明你没有对方有耐力，交涉时胜算不太大。

7.上下摇摆型

在握手的时候，紧紧握住对方并且会不断地上下摇动。这一类型的人是很乐观的人，他们对人生充满希望，因为积极热诚，所以经常会成为焦点、中心人物，受到他人信赖。

8.沉稳专注型

在握手的时候力度适中，动作都很沉稳，而且两眼会看着对方，这一类人的个性都比较坦率，很有责任感，给人很可靠的感觉。他们心思缜密，对于推理非常擅长，会经常提出一些有建设性的意见，会受到很多人信赖。

总之，握手是对人友好的表现。但事实上，握手的方式不仅能影响双方下一步的关系发展成败，还能体现出一个人的心理及性格特征。

看清一个人的性格，在社交生活中尤为重要。因为人是社会的人，处于复杂的人际网络中，只有知道如何洞察他人的性格并善加研究各色各样的人物，才能在人的海洋中左右逢源，游刃有余，而人际交往最常有的动作之一——握手，能帮助我们窥探出对方的性格特征和内心活动。

不同站姿反映其性格特点

日常生活中，我们常听长辈们说，站有站相，坐有坐相，这是告诫我们要行为端庄、知晓礼仪，事实上，从这些简单的动作中我们也能察看出一个人的心理活动。心理专家经过研究后提出：不同的站姿往往会反映出各人的性格特点。不同的生活习惯、起居饮食、言谈举止、厌恶爱好以及意识倾向会决定一个人的站立姿势，也就是说，我们可以通过一个人的站姿看出一个人的性格特征和内心的真实情感，站立这种简单的动作也是百

人百样。你只要细心观察你周围的人，就可以从他们站立的姿势中探知其心理活动。我们先来看下面一个故事：

老刘现在已经四十岁了，他是个典型的无所谓先生，从年轻的时候开始，他就变得好像什么都无所谓的样子。

通常，在公共场合，人们看到的他都是这样一个姿势：两脚并拢或自然站立，双手交叉背在身后。

他和朋友出去吃饭，朋友问他要吃什么，他说："随便啦，怎么样都行。"

后来，到了结婚的年纪，家里父母开始着急了，问他的个人问题，他的回答是："随缘吧。"再后来，经过亲戚介绍，他认识了现在的妻子，家人问他对女孩子的印象，他回答："你说呢？"看样子，从他嘴里，永远问不到一个明确的答案。

儿子开始上小学后，变得调皮、不爱学习，妻子为教育孩子的事头疼得不得了，他倒安慰妻子："让他去吧，儿孙自有儿孙福。"妻子气不打一处来，他却一笑了之。

单位新来的小伙子在工作上很认真，经常是大家下班后他还在工作。老刘看到后，对他说："年轻人，不必要那么认真吧！"一句话让小伙子丈二和尚摸不着头脑。

……

可以说，故事中的老刘就是个典型的"无所谓"先生，这一点，从他日常生活中的站姿就可以看出来。经常有这样站姿的人一般都可以与人相处得比较融洽，很大的原因可能是由于他们很少对别人说"不"。他们的

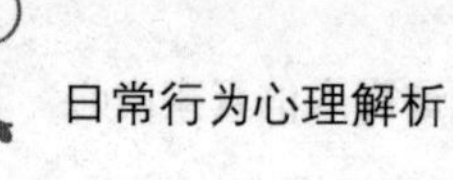

快乐来源于他们对生活的满足，而同时，不愿与人争斗的个性既带给他们美好的心情，也带给他们愤怒，因为生活并不总是遂人愿，一味地逃避争斗有时候只会使事情更糟糕。

那么，具体来说，我们该如何从一个人的站姿中窥探其内心的秘密呢？

1.含胸、背部微驼

很多女孩子在青春期发育时对身体的变化没有树立健康积极的认识，容易表现出这种站相。这样的人往往缺乏自信，如若是女孩子，则是很单纯的类型，需要加强保护或积极引导。

2.挺胸收腹、双目平视

这种人往往有充分的自信，要不就是十分注意个人形象，或此时心情十分乐观愉快。

3.两手叉腰而立

这是具有自信心和心理优势的表现。如果加上双脚分开比肩宽，整个躯体显得膨胀，往往存在着潜在的进攻性。若再加上脚尖拍打地面的动作，则暗示着领导力和权威。

4.单腿直立，另一条腿或弯曲或交叉或斜置于一侧

表达一种保留态度或轻微拒绝的意思，也可能是感到拘束和缺乏信心的表示。

5.将双手插入口袋

不表露心思、暗中策划的表现；若同时弯腰弓背，可能说明事业或生活中出现了不顺心的事。

6.喜欢倚靠站立，不是靠墙，就是靠着人

这类人好的方面是比较坦白，容易接纳别人；不好的方面是缺乏独立性，总喜欢走捷径。

7.遮羞式站立

手有意无意遮住裆部，一般是男性采取的动作。遮住要害部位，这是一个防御性动作，说明心里忐忑不安，准备遭受批评和不赞同。

8.双脚成内八字状

多为女性的站姿，有软化态度的意味。许多女性在担心自己显得支配欲和好胜心太强时，往往采取这种站姿。

9.双脚并拢，双手交叉站立

并拢的双脚表示谨小慎微、追求完美。这种人看起来缺乏进取心，但往往韧性很强，是属于平静而顽强的人。

10.背手站立

背手暗含有“不想把手弄脏，所以把它搁置一边”的意思，这类人通常是自信心很强的人，喜欢控制和把握局势，或自恃是居高临下的强者。但是，如果一只手从后面抓住另一只手的手臂，则可能是在压抑自己的愤怒或其他负面情绪。而在服务行业中，这种站姿有可能想表明“我没有行动，没有威胁”的意思。

当然，这只是一些简单的介绍，只供参考。其实，如果仔细观察一个人的话，是可以从一些蛛丝马迹中发现规律的。

不安分的腿脚是一个人的身体中最真实的部位，而站姿是性格和心理活动的一面镜子，从站立的姿势，可以探知一个人的内心活动。

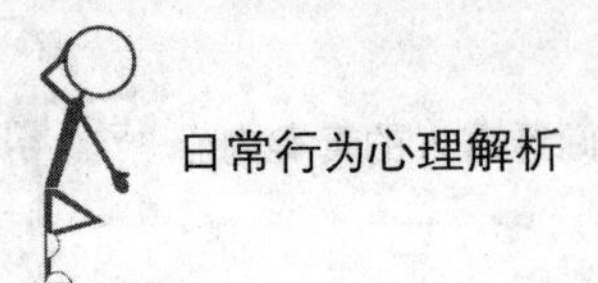

脚部动作隐含的信息更真实

前面，我们已经了解，对于一个人来说，他是有“脚语”的，而且，比其他肢体语言更真实，我们可以通过把握一个人的腿脚动作来观察他的性格特点和内心变化。具体来说，我们可以从以下两个大方面分析：

1.不同性格的人，脚步不同

通常情况下，性格开朗的人，走起路来大步流星，脚步声比较重；相反，性格内向的人，走路缓慢而踏实。成熟老练的人，走路很稳，步伐很有节奏；而毛头小伙子走起路来则匆匆忙忙，充满活力，当然，也就显得不够踏实。例如，如果一个人看上去非常强壮，而走路却小心翼翼，那么，他多半是一个外粗内细的精明人，做起事情来喜欢以粗犷的外表来掩盖严密的章法；如果一个端庄秀美的女子走起路来却急急忙忙，脚步不仅沉重而且凌乱，那么，她可能是个性格开朗、心直口快的痛快人。

2.不同的脚部动，泄露人的内心

脚踝相扣，或者脚踝钩住板凳腿。从某种意义上来说，这个动作和紧咬双唇所表达的意思差不多，即都说明做出此动作者正在努力抑制某种消极的情绪，内心焦虑不安，而且保持着警惕。例如，大多数病人在进行手术之前都十分恐惧，因而经常做出脚踝相扣的动作；当犯了错误的学生坐在老师的对面时，也会因为紧张而脚踝相扣。

张嘉伟在一家民营企业工作，不仅学历高、工作经验丰富，而且对于人的心理颇有研究，为此，公司让他全权负责对外谈判业务。最近，公司准备接手一家外企的大订单，成功与否将关系到公司全年的经济效益，因

此，老板非常重视，再三叮嘱张嘉伟一定要全力拿下该订单。

经过一系列的准备后，张嘉伟带着项目书亲自到外企拜访，进行深入沟通，以使项目设计更加完美。在交谈的过程中，张嘉伟看到对方负责人拿出了一张A4纸，上面密密麻麻地写满了对项目的意见、建议以及不满意的地方。不知不觉之间，对方负责人还把脚踝钩在了椅子腿上，脸上写满了质疑。见此情景，虽然对方负责人并没有明确说什么，但是张嘉伟马上拿出了十二分的精神，停止了解释，而是一项一项地开始按照客户的意见完善方案，即使觉得客户的方案不好，他也没有反驳，而是有理有据地把自己的设计方案为客户演示了一遍。在张嘉伟专业、敬业、耐心、真诚的演示下，客户的双脚渐渐地放了下来，投入了与张嘉伟的讨论之中。至此，张嘉伟才松了一口气，最终，他顺利地为公司签下了这个大订单。

以上事例中的张嘉伟，在客户把双脚勾在椅子腿上表示质疑的时候，及时调整策略，成功地打开了客户的心扉，最终才能顺利签约。试问，如果张嘉伟看不懂客户的脚步语言，而是选择一味地解释，那么，客户肯定会认为他是在强词夺理，从而更加反感他。由此可见，熟知脚步动作的背后含义能使我们与别人的交流更加顺畅。

脚尖指向。在所有的脚部动作中，脚尖指向是最容易被人忽视的细节。虽然脚尖指向会告诉我们很多的信息，但是很少有人观察别人的脚尖指向。一般情况下，人们会无意识地将身体转向自己喜欢的人或事，所以，只要观察脚尖指向，就可以判断对方是否愿意见到我们。例如，在谈话时，假如对方将原本冲着你的脚尖移开，就说明他想尽快结束谈话离开。

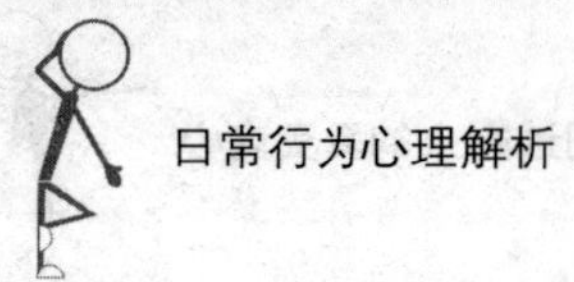

蓄势待发。在脚尖指向中，有一种比较特殊的脚部动作，类似于起跑，即身体稍稍前倾，一只脚在前，一只脚在后，双手分别放在两个膝盖上。通常，这种姿势意味着当事人对某件事情很感兴趣，已经作好了洗耳恭听的准备。此外，这个动作还可以代表完全相反的意思，即随时准备撤离。例如，大学生上完一节持续两个小时的大课之后，都会做出这种动作。

其实，脚部的动作还有很多，需要我们在现实生活中认真观察，这样才能更好地了解别人的心意，与别人更好地相处。

一般来说，人与人不同，人与人脚部的动作也会不尽相同。在人际交往中，不同性格和心理状态的人们有不同的“脚语”。从某种意义上讲，这是性格和心理的一面镜子，会泄露人们内心的秘密。在人际交往的过程中，假如你能够在说话之前先细致入微地观察一个人的“脚语”，就能够很轻松地了解他的性格特征和心理状态。

抖腿动作显露紧张不安的情绪

生活中，可能一些人会有抖腿的坏毛病，经常会不自觉地抖起腿来，这是为什么呢？其实，从心理学的角度看，这是紧张的表现。民间有个说法是“男抖穷，女抖贱”，虽然专家表示这是无稽之谈，但也从侧面反映出抖腿在很多人身上是一个再正常不过的事情。的确，正常人抖腿没有任何临床意义，而只是一种自我放松、毫无意识的动作。曾有心理学专家

称，在人际交往中，真实信息的反映往往是通过非语言传递的，而肢体动作就是其中的一部分。通常来说，与他人互动可以有三种表现状态，即融洽、对立和回避。抖腿则可以简单归类到回避反应中。回避状态多源于内心焦虑、没有安全感，非生理疾病性质的抖腿也是如此。比如，一个人在向许多人汇报工作时，常会不自觉地腿发抖，这多半就是心里没底，紧张、焦虑所致，从这个角度说，抖腿有时候还表明了一个人的不自信。我们先来看下面一个故事：

对于所有情侣来说，恋爱谈到一定阶段就要谈婚论嫁，就免不了要见家长，小杨与小米恋爱半年多了，小杨决定正式见见小米父母。于是，为了体现自己的诚意，小杨去酒店订了一桌酒席。

这天，小杨很快到了酒店，他紧张不安地等待着小米父母的到来，终于，这一家人来了。

一番介绍后，小杨便对小米父母说："叔叔阿姨，我听小米说你们有一些忌口，就点了一些你们爱吃的菜，希望你们别嫌弃。"小杨很紧张地说完了这句话。他留意了一下小米母亲的表情——虽然对他笑了笑，但很明显，好像并不满意。

接下来的一顿饭，虽然小米尽力从中斡旋，但小米母亲似乎始终不大高兴，她和小杨都觉得莫名其妙。

饭后，小杨给已经和父母一起离开的小米发了条短信："你帮我问问我哪里做的不好。"

"放心，收到，包在我身上。"

回到家后，小米母亲把包重重地摔在沙发上，不高兴地说："还说什

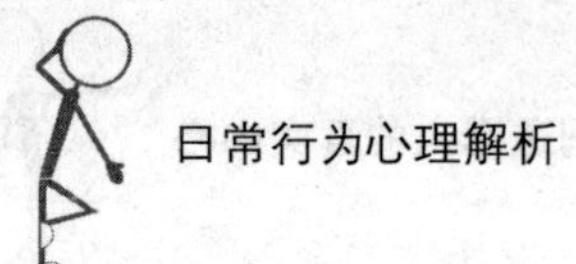

么研究生毕业，这么没教养？”

“老伴，咋了，刚才吃饭的时候我就看到你脸色不对了，那孩子挺好的啊，怎么就没教养了？”

“你老花眼了吧，他一直在那儿抖腿你没看见？我看，他要是动作再大点，整个桌子就要给他掀了。”

“哎，我看你是误会了，这是紧张焦虑引起的表现，你以为他不想给我们一个好印象么，但越是想表现自己，越是紧张。”

这时候，小米也解释道：“是啊，他平时没有抖腿的习惯的，即便和那些大客户交谈，他也能镇定自若，看来，您真是冤枉他了。”

……

恐怕，生活中，我们也遇到过这样的情况——他人与我们交谈时会不自觉地抖腿，我们可能也会指责对方不尊重人，对于这样的情况，长辈们可能还会说，“什么臭毛病！”然而，这样的指责，有时候还真受得有点冤。就如同故事中的小杨一样，他就是因为不自觉地抖腿被小米母亲认为是没有教养的表现，不过庆幸的是，最后小米的父亲为他进行了一番解释。

因此，我们可以说，抖腿是正常现象，不过观察发现，人在全神贯注做一件事情的时候，一般不会抖腿，通常都是比较无聊的时候才会发生，这是一种不自觉的现象，有些人平时抖习惯了，不抖还难受。

此外，也有专家从生理学角度，对抖腿动作进行了类比分析。从生理学上讲，久坐或久站不动，都会让腿感到不舒服，血流不畅，所以在自觉不舒服的情况下，人就会在无意识中活动起来，以促进血液流通，缓解不适。而在心理方面也有类似的情况：当心理较长时间处于紧张、焦虑状态

时，人就会不自觉地作出缓解反应。

当然，抖腿也与个人习惯有关，一般最早时只是偶然反应，久而久之即形成自然反应，最后变成条件反射。因此，要想有所改变，除了自我调试焦虑心态外，还应有意识地进行强化改变，就像强迫自己改掉坏习惯一样。

总之，从心理上来讲，抖动单腿或双腿是一种放松的表现，是自己下意识的放松。当然人在轻微紧张的时候也有可能会抖腿。如果是不能控制的抖腿，那就要去看看神经科医生了。

抖腿常用于放松神经，促进血液循环，给大脑发出‘指令’，是人体减消一部分疲倦的一种不自觉的方法。

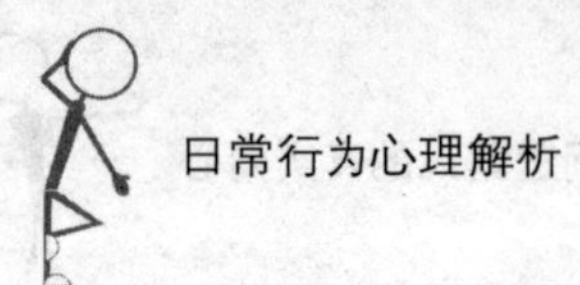

第08章　癖好微动作，不经意的日常行为还原真实性格

一个人的感情与欲望，不管是有意或无意的，都会以各种形式表现出来，这些表现于外的行为，在不知不觉间变成一个人的日常癖好。可见，癖好是长时间累积的结果，是性格的一面镜子。

从对方喜好看其真实性格

每个人都会有些嗜好，比如，有的人喜欢吃，有的人喜欢玩，有的人喜欢运动，有的人喜欢旅游，每个人的性格不同，个人的爱好不同，所选择的活动也不同。回过头来看，有什么样的嗜好就有什么样的人，这都是相互影响的。

先说说喜欢吃的人，其实每个人都喜爱美食，只是有些人对美食的喜爱可以到无以复加的地步，这就是嗜好。这种人把满足自己的味觉当作人生最重要的事来做，他们时刻搜寻着什么地方有什么美食，在网络中，他们体现为食客一族。一般的食客都是白领以上的级别，做菜或者下馆子都是需要一定的资金支持的，如果只是平常吃个萝卜白菜之类的也就罢了，但是对于食客来说，这些普通的菜式根本满足不了他们内心的需求，他们对美食的需求就像人们对正常的粮食的需求一样炙热。如果哪里新开了一家饭馆或者哪里新上了一道特色菜，他们一定会嗅着气味就去了。只是，偏爱美食的人未必就是做饭很好吃的人，但和喜欢美食的人在一起一定会大饱口福。

再来看喜欢玩的人，玩的方法有很多，会玩的人不多。现在有很多人喜欢挑战极限运动，比如，很多人开始接受蹦极这种极限运动，这不仅可以发泄心中的不快，还能享受纵身一跃的快感。还有很多人喜欢坐过山车，喜欢在车身向下时的那一刻尖叫，所有人都在尖叫，这种气氛让人兴奋。什么运动都可以挑战极限，喜欢玩的人通常都是热爱生活的人，当然也是生活中常常伴有压力的人，在玩的过程中，他们可以很好地释放自我。

有些人喜欢独处，有些人就喜欢热闹，这就是性格上的不同了，性格造就人，性格也决定人生。喜欢独处的人性格内向，他们不爱说话，不爱与人交流，他们只是默默地完成自己该做的事，然后默默地回到自己的岗位上继续新的工作。喜欢热闹的人性格开朗，他们最喜欢和人一起聊天，他们能很快地交到新朋友，即使他们已经拥有很多朋友了，朋友也会因为他们的性格而始终对他们不离不弃，他们往往很受欢迎。

有些人喜欢安安静静地看书，而有些人就喜欢流连在网络这个虚拟的世界中。而上网聊天和上网游戏的人性格又不同，玩不同游戏的人性格也不同；看书也是如此，看武侠的是一种人，看言情的又是一种人，看长篇的是一种人，看短篇的又是一种人。人们的性格想要细分太难了，但正是如此，才有了这个奇妙的世界和这个复杂又有趣的社会。

从个人嗜好上，我们很容易看清楚一个人的性格，所以，在认识新朋友时，不妨多问问对方的喜好，这不仅是找话题的一种手段，还是加强相互了解的捷径。

如何解读戴墨镜行为

生活中，我们看到很多名人会在公共场合戴墨镜，我们对此也表示理解，戴墨镜不仅能让他们免除很多烦恼，还会让他们显得更酷。然而，从心理学的角度看，大部分戴墨镜的人其实是内心没底气，与人打交道的过程中，总是带着墨镜也是不利于人际交往的，还会给对方带来不适感。

不得不说，一些人之所以戴墨镜，是为了隐藏自己的“马脚”。在美国大片中，你是否看见那些特工总是戴着墨镜？这样，一来人们无法看见他们在看什么；二来墨镜可以使人看上去不够友善，他们也因此不用再对付许多想要接近他们的人。还有第三个可能的原因：他们戴墨镜是要让自己有威慑力，看上去更有操控权，更具威严。

这种情况下，戴墨镜可不是什么坏事，尤其当你的目的是要隐藏自己的时候。如果对手无法看见你在看哪里，那么眼神碰撞的机会就少了，在牌桌上激进行为的爆发概率也减少了。而且，要是你看上去不友善，那么其他玩家要和你交谈的可能性也小了，这正是要掩饰自己、不暴露任何讯息的玩家想要的结果。最后，如果你可以在牌桌上保持一副威慑的形象，其他玩家也不太可能和你玩情绪游戏，就让你戴着“斗篷”继续掩饰自己好了。

当然戴墨镜还有其他的理由，墨镜可以遮挡住许多由眼睛暴露的“马脚”，比如，瞳孔的放大和缩小（绿色和蓝色眼睛的人尤为明显）、眼窝的变化，还有眉毛扬起，等等。

但单从心理学的角度看，那些没有特殊原因而经常戴眼镜的人，通常是不自信的。我们不妨先来看下面的故事：

刘女士经营着自己的一家皮具公司，因为经营有道，她的公司生意红红火火，但最近，刘女士在国外的丈夫事业做得更好，希望她能过去帮忙，并且，已经为她办好了移民。这种情况下，刘女士只好着手把自己的公司转手，在和几个收购公司几轮谈判之后，她看好了一家实力较好的公司，这家公司负责谈判的人姓王。最终，刘女士想再和这家公司谈谈收购价格的事。

这天，双方再次坐在了谈判桌前。刘女士满以为对方会接受自己提出的收购价，谁知道，谈判进行到一半的时候，姓王的经理却被手下人叫了出去，一阵嘀咕之后，对方又走了进来。

“王经理，发生什么事儿了吗？”刘女士问。

“是这样的，刘总，外地有一家我们之前想收购的公司，他们一直不肯合作，现在他们公司出现了火灾，目前正打算低价卖给我们，既然这样的话，我们自然愿意收购这家实力很雄厚的公司。当然，刘女士您也很有诚意，如果您在价格上再让步一点的话，我们也不会再费精力去与那家公司谈……”对方王经理一连串说了很多话。刘女士静静地听着，她哪里会轻信这些话，因为她注意到了一点，这位姓王的负责人第一次与她交谈的时候目光坚定，再回到会议室后，却戴了副墨镜。以自己多年的看人经验，刘女士明白，这位经理是因为心虚才戴墨镜的，他说的这番话中，肯定有猫腻儿。天底下巧合的事是有，但这样太巧合了，这家公司的火灾怎么来得那么不是时候！

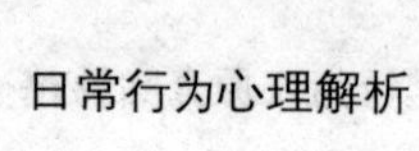

于是，刘女士说："王总，您看这样行不行，这事我一时半会儿也敲不定，我先跟我的几个董事商量一下，会尽快给您回复的。"听到刘女士这么说，对方也自然答应下来。

其实，刘女士这么做，是为自己赢取时间作调查。果然，不出刘女士所料，所谓的外地某皮具公司失火的事，只是对方编造出来的一个幌子而已，为的是杀价。在得知这一消息后，刘女士很快给了这家公司回应："真对不起啊，几个董事商量了一下，还是觉得这个价格已经很公正了，如果您觉得不能接受的话，那么，我们也很抱歉。"对方的答复果然也如刘女士所料——他们答应以刘女士开出的价格收购这家公司。

故事中，我们不得不佩服刘女士的看人能力，在对方使出了一点小伎俩以图杀价时，她并没有自乱阵脚，而是气定神闲，从对方一个小小的举措——戴墨镜中看出对方心虚撒谎，进而做出新的应对策略：争取时间调查对方所说是否属实，最终又赢回了谈判的主动权。

可见，那些喜欢戴墨镜的人，乍一看很酷，其实，他们也许只是想要隐藏自己的软弱。美国的实验表明，给那些口吃或者不能流利表达的人戴上墨镜，他们就能够更流畅地在众人面前讲话。

专家认为，不让对方看到自己的眼睛，同时，自己可以频繁地观察对方的举动，戴墨镜的人因此而处于心理优势的地位。也就是说，这些人如果不给自己戴上墨镜、在心中筑一道防线的话，就无法和对方进行深入的交流，这是克服软弱的招数。

人们常说，眼睛是心灵的窗口，与人交往时，如果你总是带着墨镜，那么，你的窗户就拉上了窗帘。别人看不到你的眼睛，就不知道你在想什

么，想说什么，也无从了解你，对方会感到不适，同时，也不愿意相信你，那么心与心之间就不存在交流了。所以，与人打交道或与人沟通，目光交流是最自然、最好的方式。如果你想与人进行“心”的交流，千万别为了摆酷而戴上墨镜。

自言自语有利于释放压力

生活中，我们都知道，一些精神病人都有一个症状，那就是自言自语，他们有的独自讲话，有的喃喃自语，有的宛若亲友在旁滔滔不绝。因此，当我们发现某个人旁若无人地自言自语时，便会认为他在发“神经”，认为他是脑退化或者心退化。

而实际上，从心理学的角度看，自言自语在正常人中也存在，单纯的自言自语不一定是病态，从某种意义上说，反而有利于身心健康。可以说，自言自语其实是人自我解压的一种方式，也就是说，如果你也有这样的习惯，不要恐慌，这不是什么精神病。我们不妨先来看下面一个故事：

琪琪已经15岁了，她刚上高中，进入新的环境，和同学们相处得很融洽，学习也很刻苦。新学期的期末考试要到了，琪琪突然觉得压力很大，同学们经常看见琪琪一个人喃喃自语，吃饭的时候一个人说话，打开水、洗澡、睡觉的时候都会说，同学们都很害怕，把这件事告诉了琪琪的父母。

后来，母亲不得不带琪琪去看心理医生，在和医生交流后，医生对琪琪的母亲说：“其实没什么大问题，孩子会自言自语，是她能自我调节的

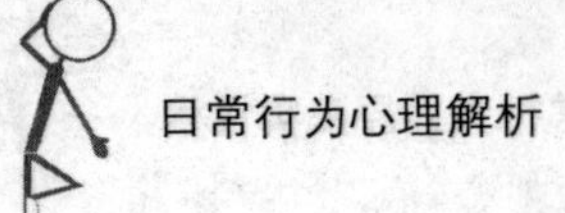

表现，孩子学习压力大，如果闷在心里，倒更容易出事。”听到医生这么说，琪琪和她的母亲都放心了。

生活中，可能不少人都会和故事中的琪琪一样，偶尔会自言自语，由于自言自语多表现在精神病人身上，所以长期以来，人们总觉得那些自言自语的人都是不正常的。其实，每个人都可能出现自言自语的情况，现代心理学认为自言自语是一种最健康的缓解精神压力的方法，是一种行之有效的精神放松术。

心理学家研究认为，自言自语是消除紧张的有效方法，可以有效地发泄心中的不满、郁闷、愤怒、悲伤等不良情绪，有利于消除紧张，恢复心理平衡。当你忧虑重重时，若有机会听听自己的谈话，可能会使你拓展思路，变换考虑问题的角度，减少钻牛角尖的机会。

心理学家的研究还总结出，自言自语能使人：

①保持镇静。 自言自语的音调有一种使人镇静的作用，有一种安全感和人际交往的效应。调整思绪自我大声对话，可以调整大脑中紊乱的思绪，尤其是在紧张、劳累时。

②缓解矛盾。自言自语有利于澄清问题的是非，缓解矛盾冲突，比较各种解决方法的利弊，避免盲目冲动。

③消除不良情绪。许多不良情绪如焦虑、紧张、忧虑和担心，若能讲出来，压在心中的石头就会被搬走，从而达到心理平衡。

④改善睡眠。冥思苦想和各种不良情绪可导致或加重睡眠障碍，自言自语可终止思虑，减轻消极情绪，从而达到改善睡眠的目的。

⑤改善社交能力。各种消极情绪会影响人的社交能力，使社交能力受

损，质量下降。自言自语能疏泄不良情绪，使心理保持平衡，进而提高社交能力。总之，自言自语有时是一种健康的解决问题的方法，我们不能不加判别地认为都是病态。

因此，因此，面对自言自语，我们应该判断那是正常的自言自语还是精神疾病。正常的人自言自语是由于思考问题所致，而长期精神压抑或抑郁的人是在精神恍惚的状态下，产生幻觉，在幻听中与实际不存在的人进行言语沟通。

可见，只要不是与幻觉有关的自言自语，就都是正常的。良好的自我交谈可以有效地发泄心中的不满、郁闷、愤怒及悲伤等不良情绪，有助于消除紧张，恢复心理平衡。当人们思虑重重时，若有机会听听自己的谈话，并对自己提一些问题，那么从一个角度看问题或钻牛角尖的可能性就会减小。

每个人都有多重性格，当人们遇到棘手的问题、内心出现矛盾的时候，各种不同的性格之间就会展开斗争，也就是人们的思考过程。有些人的斗争是在内心进行的，也有人会不自觉地对自己说出来，这就是人们所说的自言自语。另外，当一个人专注于某一事情、完全沉浸在对这件事的思考之中时，就会不自觉地自言自语。

抢着埋单是为了获得满足感

在我们生活的周围，有这样一类人，他们性情豪爽，天生爱请客、爱

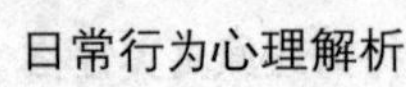

埋单，常常对周围的人说“这次我请你们”，或者说“想吃点什么，随便点，今天我请客”。当他们表露出请客的欲望的时候，那种自豪感和满足感显得尤为突出。那么，他们为什么那么喜欢抢着埋单呢？我们先来看下面的故事：

周波是一名电脑程序员，从毕业到现在已经工作五年了，月入八千。在二线城市，他这一收入情况应该已经存了一笔钱，但实际上，周波是个月光族，因为他特别慷慨，总是喜欢请客。

周波没有女朋友，因此，只要一下班，他就喜欢约上几个同事或者朋友去酒吧玩，通常情况下，都是由周波埋单。其实，大家收入差不多，也都是单身男青年，对于这类吃吃喝喝的消费完全可以AA制。最初同事也都建议说费用大家一起起摊，但是，每当埋单的时候，周波就显得特别热情地说：“我来吧！今天玩得很高兴，我请客！”

久而久之，大家似乎都形成了一个习惯——只要周波抢着埋单，大家也都不跟他争了。有的同事觉得有便宜不占白不占，并且乐意享受这样的待遇；而还有的同事感觉老是小周一个人埋单，显得矮人一截，于是干脆在下次出去玩的时候找借口避开了。

而周波本人呢？他其实也是有苦说不出，由于自己太爱面子，喜欢打肿脸充胖子、在同事面前表现得大方慷慨，现在的他经常出现不到月中就已经入不敷出的窘境，而正因为如此，他也常常被父母责骂。

从周波的经历中，我们大概能看出那些爱请客、爱埋单的人的心态。其实，他们之所以如此豪爽，是因为他们在请客时内心获得了一种满足感，大多数时候，他们的经济条件并不比别人更好，但一到请客的时候，

他的那种虚荣心就能得到满足。

一般来说，这类爱请客的人还有以下一些表现：他们似乎总是能找到一些请客吃饭的理由，比如，有事相求于朋友、联络感情等，甚至有些时候，他们根本找不到请客的理由，大家也提议AA制消费，但他还是露出极为不高兴的神情，并责备说："你真是太见外了，太客气了，我付还不等于你付啊，大家都是自己人！"并且，从他说话的口气中，我们能真切地感受到他所说的话是充满诚意的，是充满自豪感的，但也许我们并不知道，他的经济情况已经不允许他这么做了。

我们其实也明白，一个人有能力为大家埋单证明了一点——他有足够的金钱，有足够的经济能力，他绝不会比别人差，所以，大凡喜欢经常请客的人，往往拥有一种强烈的自我满足欲望。

既然有人埋单、有人请客，那么，就一定有被请的人，其实，他们的心理也是微妙的、不尽相同的。这分两种情况，一种是吝啬鬼，他们觉得只要有人请客，那就应邀参加，不吃白不吃、不喝白不喝；还有一种，他们在接受了别人的邀约后，会有一种不如人的感觉，因此，刚开始他们可能会高兴赴约，但久而久之，他们宁愿找借口推掉也不愿享受这种心灵的煎熬。对于第二类被请客的人，他们的这一心态其实与请客者是相同的，都是希望自己能充当保护者的角色，这一点，与过度保护孩子的母亲的心理非常类似。

我们不难发现，有一些这样的母亲，她们对自己的孩子非常好，几乎是包办了孩子所有的事，她们除了要工作和打理家务外，还要为孩子做所有的事，她们很辛苦，却又很享受这样的过程。表面上看，她们是在保护

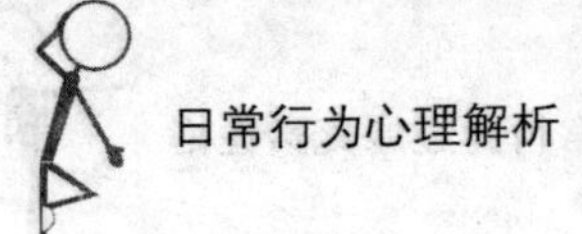

孩子，但其实，她们是利用这种行为来保护自己。因为她们在以前也曾经享受过这种被人呵护的经验，现在仍然在追求那种心理状态。因此，在她们当了母亲后，她们便把孩子当作保护的对象，以此来满足自己的欲望。根据这点，我们可以了解，这样的母亲看似疼爱孩子，其实更爱自己，因为唯有如此才能使她神采奕奕。

一样的道理，那些喜欢请客的人，表面上看，他们非常热心，但其实，这只不过是他们为了满足自己的虚荣心而已。所以，喜欢请客的人，和喜欢被人请的人凑在一起，彼此就各得其所，分别得到满足了。

我们生活的周围总有一些爱请客的人，其实，归根结底，他们是想从请客的过程中获得一种满足感。了解了他们的心态后，我们应抱着理解的态度与之相处，只要他们不是另有所求，大可接受他们的好意，这样，可以说是皆大欢喜。

解析人们的购物行为

生活中，想必人们都有这样的感触：只要一心情不好，女人就喜欢逛街；心情好了也会逛街。而只要一逛街，女人们似乎都有用不完的力气……她们真的有那么多的东西要买吗？当然不是！那女人们为什么如此热衷于逛街呢？

的确，在购物心理上，男人和女人是不同的，男人买东西通常都是直奔主题，看中合适的，直接掏钱。而女士逛街则看心情，当她们心情不好

时，购物是她们经常选择的发泄方式。而陪女人逛街，对于男性来说则是一种巨大的心理折磨。我们先来看下面的故事：

小李是个急性子，但是偏偏女朋友喜欢逛街，而且一逛就是好几个小时，最让小李吃不消的是，女朋友好像对心仪商品毫无抵抗力，只要看到喜欢的，她不管价格如何都会毫不犹豫地买下。

细心观察后的小李发现，女朋友最喜欢在情绪波动的时候逛街，心情不好的时候，她会用逛街来发泄，心情好的时候，她也会用逛街来庆祝。不过小李庆幸的是，女朋友很少找自己开口要钱买东西。

小李现在学聪明了，每次逛街时，他都不进商场，只在门口等，等女朋友出来时再为她提东西。不过小李倒也不孤单，每当他等女朋友，看到门口一圈男人也和他一样时，心中不禁涌出一句白居易的名句——“同是天涯沦落人”……

可能很多男人都和小李一样，对自己的爱人如此痴迷于逛街表示不解。其实，购物狂过度购物，内在根源来自于外在压力。现代社会对女性的要求越来越多，不仅要貌美如花，拥有事业，还不能丢掉贤良温顺、相夫教子的传统美德，因此，职场中有些女性白领面临着很大的生活和工作压力，于是，购物就成了她们宣泄压力和负面情绪的通道之一。

一般情况下，多数女人都喜欢购物。逛街也无疑是很好的一种心理宣泄的方式。但也有一类女性，每次满载而归后，往往很少对自己的“战利品”感到满意，她们常常陷入一种不买难受买了后悔的矛盾中，这类女性常自嘲为购物狂。从心理学角度分析，购物狂和暴食症、偷窃癖一样，都属于冲动控制疾病范畴，疯狂购物的内在原因来自对商品的病态占有欲。

另外，女性下属往往没有能力控制自身的工作量，没有办法操控主管给自己带来的压力，或者生活中有很多身不由己的事情，这让她们面临很大压力。这种无助感让有些女性内心极其渴望能控制和把握一些东西，购物则很好地契合了这一需求。

专家称："当人无法控制自己的消费欲望，而进入一种购物上瘾、强迫自己消费的状态时，这就不仅仅是一种过度消费了，而是一种病态购物症，在国外被广泛定义为'强迫性购物行为'，需要及时接受指引和治疗。"那么，如何辨别自己是否属于购物狂呢？又该如何防治这种心理疾病呢？

购物狂的典型特征是：见到喜欢的就买，买完了又后悔和自责，然而这种感觉转瞬即逝，马上又投入了下一轮购物战斗中。

"购物狂"分为缺乏自制力的冲动消费型、由嗜好变成沉溺上瘾的过度消费型、"耳根软"的被动消费型、减低空虚感觉的逃避消费型、只爱名店的崇尚名牌型、因贪便宜而大量购买的疯狂讲价型等六种类型。

如果你是一个购物狂，那么，你需要进行以下心理调整：

减轻压力是"购物狂"需要进行的第一步，只有认清压力的来源，寻找到适合自己的方法，才能够从根本上解决这个问题。

当女性发现自己有购物狂般的购买冲动时，不妨尝试一下其他比较合理的压力宣泄的方式。宣泄的途径很多，性格外向的女性可以找个地方高声大叫；性格内向的女性可以把心中的不快写在纸上，寄给远方的朋友。

行为主义的疗法。给购物狂制定购物计划，尽量少带钱出门。并且，较严重的人群，建议与心理咨询师多沟通，可以和咨询师之间制订一个协

议，完成一个阶段的协议再去制订下一个协议。购物狂还可以选择结伴出行的方式，让身边的人督促自己合理消费。

疯狂购物的内在原因来自对商品的病态占有欲，内在根源则来自于外在压力。事业的压力，工作的挑战，家庭的拖累，身不由己的种种，让购物成了女性们宣泄压力和负面情绪的通道之一。从心理学角度分析，购物狂和暴食症、偷窃癖一样，属于冲动控制疾病范畴。专家称，“购物狂”其实是一种病态的消费心理，带有强迫症的色彩，需要及时接受指引和治疗。

从男人对酒的爱好窥其性情

有人说：“在能够改变男人的东西中，酒最厉害，其次是女人，然后是权力，最后才是真理。”似乎，这一语就道破了男人的本性，他们本身就是为酒而生的动物，只有酒，才能帮助他们实现所需要和所追求的各种欲望，同时，让他们能够体会到酒醉后放纵人性的种种快感。正所谓“知己相逢，千杯嫌少”，偶尔饮酒，该放松快乐时就要尽兴尽情，这成为了男人日常生活中重要的活动。有的男人把酒当成自己一生的朋友，心中的喜怒哀乐都向它倾诉；有的男人把酒当成了赖以生存的食物，一顿都离不开酒；有的男人把酒当成安眠药、后悔药，似乎只有在酒精的麻痹下才能入睡。对酒的喜好不一样，其本性也不一样，我们可以通过观察男人对酒的喜好来了解他们，以便使恋人之间的关系变得更加亲密。

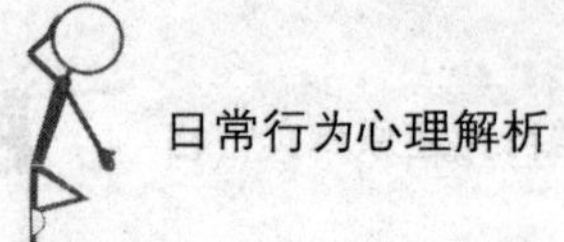

王姐认识赵先生的时候是在烟雾缭绕的酒吧，当时，赵先生正坐在吧台的一角，一小口一小口地浅酌，看上去就像是一个孤独的人。在这一刻，王姐的心就被打动了，不过，他似乎并不是一个喜欢孤独的人，如果喜欢孤独的话，为什么不坐在家里喝酒，何必要到酒吧里花钱买醉呢?

王姐带着满心的好奇，认识了赵先生，闲聊之中，发现这位先生内心很寂寞，渴求有人来安慰他。在交谈中，王姐了解到赵先生刚离婚，而工作也开始走下坡路。王姐细心地安慰了几句，赵先生开始抱怨起生活来，他一个劲儿地抱怨前妻的缺点，却总把自己吹嘘得很优秀。王姐笑着，心中却十分不屑：如此一个以自我为中心的人，看来，他老婆离开他是正确的选择。赵先生还是一个劲地说着，王姐心中早已经不耐烦了，她找了个借口就要离开，赵先生还问："你都没听我说完呢，怎么就走了？"在接触的两个小时中，赵先生居然一句也没问王姐的事情，甚至，他连王姐姓什么都不知道，好像在他眼里，永远只有他一个人。

赵先生不喜欢一个人喝酒，但是，从对话这些细节中，王姐判断他是一个以自我为中心的人。这样的男人，总是过于主张自我，忽略身边的人，他们不擅长处理人际关系，因此，无论是工作还是生活，他们都弄得一团糟。

男人都是爱酒的，他们相聚在一起聊天，说得最多的话题除了仕途、女人，其次就是酒了。生活中，滴酒不沾的男人很少，偶尔尽兴饮酒的男人却很多，酒，属于男人，同时也体现着男人的某些心理。酒是男人壮胆、尽兴玩乐、交际应酬必不可少的东西，酒是男人烦恼时的麻醉剂、感情的寄托，下面，我们通过男人对酒的喜好，来了解男人的性情。

1.喜欢啤酒的男人

有的男人喜欢啤酒，这样的男人喜欢给大家服务，在生活中，他做事比较灵活，和身边的人都能和谐相处，由此结交了不少的朋友。虽然，这样的男人大多数时候看上去很酷，其实，他们内心却很感性，是一个性情中人。

2.喜欢香槟酒的男人

有的男人喜欢喝香槟酒，这样的男人大多是喜新厌旧、爱慕虚荣的人，他们比较注重他人对自己的评价。而由于爱慕虚荣的关系，他们对恋人的要求很高，以期得到身边朋友的羡慕，在很多时候，他们会牺牲一些东西去做某件事情，只是为了得到他人的赞美。

3.喜欢白酒的男人

有的男人偏爱烈性的白酒，没有白酒就不喝，一旦有了白酒就会一醉方休。这样的男人喜欢结交朋友，乐善好施，他们比较在意他人的感受，容易在别人的吹捧下答应一些事情，不会轻易拒绝女人。他们对女人很亲切，即使追求失败了也不会在意，他们喜欢为那些认同自己的人付出。

4.喜欢高档酒的男人

有的男人对高档酒情有独钟，似乎只有高档酒才能标榜自己的身份。这样的男人通常生活并不如意，或者内心曾受过创伤，性格上有歇斯底里的一面。在生活中，他们愿意享受高档酒，哪怕自己的经济实力并不允许，也只求一醉方休。在他们内心深处，有着强烈表现自我的欲望，他们希望自己能成为社会的上流人士，这样，别人才会看得起自己，尊重自己。但是，这样的人即使成功了，也摆脱不了自己内心的自卑。

下篇　微心理

生活中，人们通过有声语言和无声语言进行交流沟通，在这其中，还有一些细微的心理学隐藏在里面，即微心理。通过这些微心理，我们可以有效地了解对方，从而作出合适的言行调整，实现交际目的。

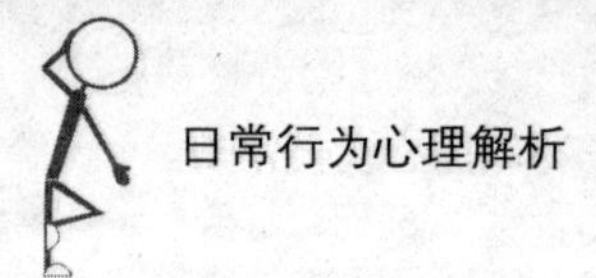

第09章　探知微心理，了解语言背后的心理密码

一句话有可能表达的是相反的想法，一句话有可能表达的是更深层次的含义，若想探知微心理，应该了解语言背后的心理密码。通过一个人的一句一词，了解其真实想法及其真实的心理状态。

透过谈论主题了解对方真实个性

人与人见面、认识之后，无论真心也好，假意也罢，只要不是老死不相往来的那种，就必定会进行谈话。既然要谈话，就离不开话题的选择，做一个聪明的倾听者，认真分析说话人的说话主题，能够帮助你获取说话者的信息，了解他的内心世界和真实的个性。

有的人说话时最喜欢用的字眼就是“我”，无论说什么，开口必提“我”字，“我”的家庭、“我”的工作、“我”的朋友、“我”的爱好……无论什么内容，最终都会回归到自己的身上。这样的人在任何时候都是一个极度自我的人，他们把自己看得重于一切，一切以自我为中心，喜欢自我吹嘘、盲目自大，希望时刻得到他人的赞赏和艳羡的目光。若是得不到众人的关注，他们的内心就会非常失落，甚至心生怨忿。这样的人其实是非常小心眼的人，无论他们将自己吹嘘得多么伟大、多么了不起，他们想得到的不过是别人对他们的肯定而已。

有的人则正好相反，他们不喜欢谈论自己，就算对方询问自己的情况，也是淡淡一笑带过，或者扯开话题，甚至干脆当作没听到。他们喜

欢谈论的是和自己或者身边的人毫无瓜葛的话题，比如，“今天天气真好”“某地又发生战争”等等，这样的人一般城府较深，他们对任何人、任何事都抱有较强的防备心理，不轻易相信别人，更不轻易和他人结为朋友。在外人的眼里，他们都是比较神秘而且难以亲近的。

有的人不谈论自己，却专门爱询问对方的情况，甚至在和对方还不是很熟的情况下，对一些比较敏感的话题也穷追不舍，如询问对方的收入、夫妻感情等。这类人也是大家比较讨厌的人群之一，他们以探听他人的秘密为乐，并且常常自以为是，对他人妄加评论，更有甚者还会据此散布谣言、说人闲话。若是与你谈话之人是这样的人的话，那你就一定要小心了。

还有的人不管谈及什么，都喜欢和金钱扯上关系，这类人则是典型的拜金主义者。在他们眼里，金钱是衡量一切的标准。虽然他们表现出来的是势利，但是其实他们的心中极其缺乏安全感，对他们来说，金钱就意味着一切，失去了金钱就失去了一切。

另一些人对话题的选择毫无主见，无论对方谈什么，他除了应声附和，别无一丝新意。这样的人在生活中多半也是乏味而无趣，没有主见，生性木讷。

李建、韩刚和肖民是公司里有名的“铁三角”，他们同时被招聘进公司，只不过李建在人事部，而韩刚和肖民则在财务部。他们三人年龄相当、资历相当，兴趣爱好也很相近，所以很快就成了走得很近的“铁哥们儿”。

公司人事调整时，想从韩刚和肖民两人中提拔一人做财务副主管。

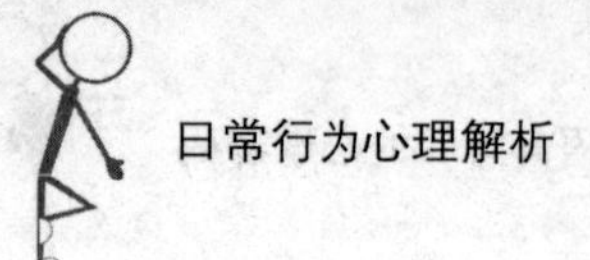

人事经理征求李建的意见，李建沉吟了一会儿，说：“虽然两人都是我的好兄弟，但是我觉得可能还是肖民更适合这个职位，因为财务部门涉及公司的内部秘密，需要沉稳而可靠的人。韩刚为人大大咧咧，尤其说话毫无顾忌，该说的、不该说的，只要别人用心，三下五除二就把什么秘密都套出来了，他是一个藏不住话的人。而肖民则正好相反，他是一个没嘴的葫芦，和别人谈话时，从不涉及自己或者对方的任何隐私或秘密。你别看我和他这么熟，可他的情况我还真没了解多少呢！虽然从个人感情上可能我更喜欢韩刚，但是我认为肖民是更合适的人选。”

自然，最后肖民顺理成章地坐上了财务副主管的位置。

人们的心声常常会通过谈话的内容表达出来，而其他人也可以从你说话的内容中揣测你的心意与性格。俗话说：“言者无心，听者有意。”所以在与人交往时，一定要分清对象，选择恰当的话题，而不能像文中的韩刚一样，口无遮拦，把什么都说出来，这样不仅会显得你胸无城府，说不定还会被别有用心之人利用，所谓“祸从口出”正是这个道理。

当然，也有的人出于某种目的，会有意识地选择话题来掩盖自己的心思，或者表明自己的心意，这就需要我们拨开迷雾，听出弦外之音，真正认识和了解一个人。

从对方说话态度了解其思想和品位

语言是人际交往中最重要的桥梁，而不同的人在说话时所采用的态度

也各不相同。说话的态度受说话者内心感受的直接影响，而说话者的思想意识与修养品味又通过其说话的态度充分表露，所以，认真观察人们的说话态度，对于认识和了解这个人有着非常重要的作用。

说话轻声慢语之人——他们的内心常常是温和而宽容的，能够体谅和理解他人。他们常常是一些性情淡泊、与世无争之人，不追逐名利，也不好表现自己，有较强的忍耐力和自控力，但有时会让人觉得有些过于柔弱。

说话粗声大气之人——这类人声如洪钟、豪爽粗犷。他们性情耿直、待人热情，说话做事直来直往，从不拐弯抹角、虚与委蛇。这样的人大多是直肚肠的人，很容易与人相处，但是由于说话态度过于直接，有时难免会伤害到他人感情，自己却还浑然不觉，所以这些人直爽却又有些鲁莽。

说话细不可闻之人——这类人性格懦弱，胆小怕事，缺乏足够的自信和勇气。他们说话声音小，做人的胆气也小，任何事情都不敢据理力争，生怕得罪人，所以在生活中也常常属于被欺负的一类。

说话言辞闪烁之人——他们生性多疑，从不与人深谈，对自己的意见也常常遮遮掩掩，不直截了当地表明，更别提暴露自己的心意。他们狡黠、多疑，有很强的防人之心，与人交往时很难真心相待。

说话沉稳凝重之人——这类人话虽不多，却字字珠玑，很有分量。他们在生活中一般都是德高望重之人，对事情的理解深刻而又准确，并且态度真诚，尊重事实，是被大多数人所信任之人。

说话尖酸刻薄之人——这类人多半很难与人相处，人们见到这种人

也往往是退避三舍。他们就像一只浑身是刺的刺猬，只要被他们抓住了把柄，冷嘲热讽、无所不用其极。这类人的心理一般比较阴暗，妒忌心较强，很少与人为善。

说话大吼大叫之人——这类人性格十分暴躁，有很强的支配欲，一切以自我为中心，喜欢将自己的意志强加于他人。这种人在生活中是典型的本位主义者，若是自己的意愿得不到满足，就会狂躁不安，甚至有一定的攻击性。

林肯竞选美国总统时，他的对手是财大气粗的富豪道格拉斯。道格拉斯对出身贫寒的林肯不屑一顾，他说："我要让林肯这个乡巴佬闻闻贵族的气味。"他外出演说时，有豪华的专列，所到之处用大炮鸣响、乐队伴奏。相比之下，自己买票乘车外出演说的林肯就显得寒酸多了。

在伊利诺伊州，林肯和道格拉斯狭路相逢，进行了一场轰动全美的著名辩论。面对道格拉斯扬扬得意的炫富，林肯在演讲中说："有人问我有多少财产，我有一个妻子，一个儿子，都是无价之宝。此外，还租有一间办公室，室内有办公桌一张、椅子三把，墙角还有一个大书架，架上的书值得每个人一读。我本人既穷又瘦……实在没有什么可以依靠的，唯一可依靠的就是你们。"这番话朴实诚恳、感人肺腑，听众从中听出了林肯的情真意切，全都报以热烈的掌声，林肯一举拉近了选民与自己的距离，从而大获全胜。

和道格拉斯的狂妄自大、咄咄逼人相比，林肯的演说显得朴实无华，却胜在用诚恳的态度打动了人心，这就是语言的魅力。有的人说话巧言令色，用华丽的辞藻、优美的修辞装饰，却唯独缺少诚恳的态度，从而令听

众失去信任，难以产生情感与认知上的共鸣。同样的话，用不同的态度说出来，听的人会产生不同的感受，同时也会形成对说话者不同的印象。正所谓“良言一句三冬暖，恶语伤人六月寒”，说话的态度对人的影响是相当大的。恶劣的态度令人反感，使谈话难以继续；而好的态度则令人如沐春风，使谈话顺畅。所以，无论在什么情况下，都要学会用心平气和的态度讲话，温和的语气，诚恳的态度，不仅能令谈话取得事半功倍的效果，也能展现你个人良好的思想意识与品德修养，实在是一举两得。

从对方的表面言语挖掘话外之音

很多时候，人们不会采用直接的方式来表达自己内心的真实想法，而是采用一种婉转的说法，话里有话。这个时候，作为听者，我们应该透过对方的表面话语，深入挖掘出对方的“弦外之音”来，识别对方的真实想法，这才是聪明人的做法，只有识别出对方的真实想法之后，我们才能作出正确的回应。

有一位商人见到诗人海涅（海涅是犹太人）时，对他说：“我最近去了塔希提岛，你知道在岛上最能引起我注意的是什么吗？”海涅说：“你说吧，是什么？”商人说：“在那个岛上呀，既没有犹太人，也没有驴子！”海涅回答说：“那好办，要是我们一起去塔希提岛，就可以弥补这个缺陷。”

这里，商人把“犹太人”与“驴子”相提并论，显然是暗骂“犹太人与驴子一样，无法到达那个岛”，而海涅则听出了对方的侮辱和取笑，回答时话里有话，暗示这个商人是驴子，使商人自讨没趣。

听出对方的“弦外之音”并不困难，关键是要做出相应的对策来回应对方，我们伟大的周恩来总理就是个高手。

一位美国记者在采访周总理的过程中，无意中看到总理桌子上有一支美国产的派克钢笔。那记者便以带有几分讥讽的口吻问道：“请问总理阁下，你们堂堂的中国人，为什么还要用我们美国产的钢笔呢?”周总理听后，风趣地说：“谈起这支钢笔，说来话长，这是一位朝鲜朋友的抗美战利品，作为礼物赠送给我的。我无功受禄，就拒收。朝鲜朋友说，留下做个纪念吧。我觉得有意义，就留下了这支贵国的钢笔。”美国记者一听，顿时哑口无言。

这位记者的本意是想挖苦周总理：“你们中国人怎么连好一点的钢笔都不能生产，还要从我们美国进口！”结果周总理说这是朝鲜战场的战利品，反而使这位记者丢尽颜面。在现实生活中，我们要努力培养自己，做个有心人，能够听出对方的“弦外之音”“话里之话”，这样才能在人际交往中赢得主动权，让自己在社交场合如鱼得水。

我们都知道，听人说话要听出“弦外之音”，以便在人际交往中处理好关系。如果你不懂得如何倾听，不动脑子去思考他人话中暗含的深意，那么，你不仅会被人看成是一个没有大脑、不通人情世故的人，还可能会因为理解错误而引发尴尬或引起不必要的麻烦。

有一户农家，住在半山腰上，平日辛勤种田，生活虽不富裕，但还算过得去，只是如果有个额外的开销，经济就会变得很吃紧。话说这天，男

主人很久以前认识的一个普通朋友来拜访，虽然很少见面，但是交情还算不错，见他千里迢迢来访，一家人非常高兴，于是好酒好菜招待，男主人高兴地与他聊到天明。谁知这客人一住下来，就没完没了了，连续住了很长一段日子，而且似乎没有打道回府的意思。

这个时候，家里的菜已经快要吃光了，偏偏正逢梅雨季节，户外的雨从来没有停过，无法下山去买些存粮，真是糟糕。妇人对丈夫说："都没吃的了，你快想想办法啊！"丈夫无奈地回答："他不走，我总不能请他自己离开吧!"妇人说："不管你怎么做，反正已经没米下锅、没菜可吃了，你再不解决，我们三个人就一起饿死好了！"妇人越说越气，说完之后，就拂袖而去，留下不知该如何的男主人。

隔天，吃完饭后，主人陪着客人聊天，并看看窗外的景致，谈谈过往的回忆。这时候，主人忽然看到庭院的树上有一只鸟正在躲雨，而且这只鸟的体型非常大，是以前都没有见过的鸟类。于是，主人灵机一动，对着客人说："你远道而来，这几天我都没有准备什么丰富的菜肴招待你，真是不好意思!"

"别这么说，我觉得一切都很好，你和嫂子不但款待周到，而且吃得好、睡得好，感激不尽呢！"

"看，窗外树上有一只鸟呢，以前见过吗？"

"看到了。怎么啦？"

"我等一下准备拿斧头把树砍了，然后抓那只鸟来煮，晚上我们喝酒时，才有下酒菜呀，你觉得如何？"

客人想了半天，十分疑惑地问："当你砍树的时候，可能鸟儿早就飞

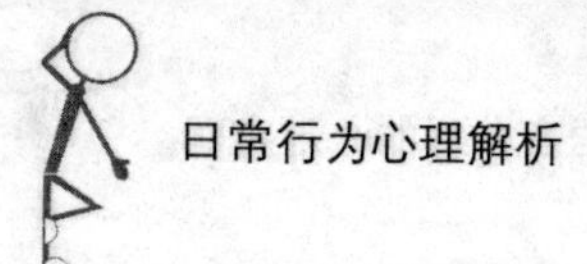

掉了吧，你怎么抓它呢?”主人悻悻然地看着完全不了解主人用心的客人，说：“怎么会呢，在这个人世间，还有更多不知人情世故的呆鸟，大树都已经倒了，都还不知道要飞呢!”

一个不通人情世故、不会察言观色、不会倾听他人话外之音的人，是不会招人待见的。人生在世，人情世故不可不懂，听他人说话，也要听出对方的弦外之音、话外之话，弄明白他人心中的真实想法，才能够让彼此的沟通更加顺畅。

说话语气透露重要信息

同样的一句话，采用不同的语气说出来，有不同的表达的效果。语气不仅能够反映说话者当时的心情状态如何，还能透露出说话者内心的真实想法及态度。作为听者，我们不能仅仅听他人说话的字面意思，最重要的是要了解说话者内心的真实想法，只有那样，才能做出正确的应对措施。我们不仅要将事情处理好，还要照顾对方的感情，处理好人际关系，因而，我们在听人说话时，就要十分注意对方的说话语气，因为语气能够透露很多非常重要的信息，不容忽视。当别人笑着说：“你真是太可爱了！”你可以把这句话当成是对自己的一种赞美，一种由衷的喜爱，但是，同样的话，如果对方用一种嘲笑或是挖苦的语气说出来，就可能是对自己的一种贬损了。所以，说话的语气是比一句话本身更需要注意的地方，因为它是承载那句话的基础，它所包含的内容会让这句话所传达的情

感更加丰富。

有一个女孩，非常爱慕虚荣，人也有点浮夸，经常在他人面前“王婆卖瓜，自卖自夸”。一次，午间休息，大家在一起开茶话会，本来只是作为工作时的一种消遣，大家和和气气地说说笑笑感觉挺好的。然而，她一参与进来，就天南海北，将自己见过的、听过的，全部拿出来炫耀，茶话会变成了她一个人的展示会。后来，另一个女孩就笑着对她说：“你可真见多识广！”别人都听出了奚落，相互间会心地一笑默许，而她却并未会出意来，以为是对自己的赞美及肯定，反而更加带劲地说起来了。到后来大家都把她当作“不正常”的人，觉得她“脑子少根筋”“听不懂人话”，因而渐渐疏远了她。

实际上她的那种“听不懂人话”就是不会听他人说话的语气，从而错误地判断他人说话的真实意思，乃至作出错误的回应。如果她能够听懂对方话中嘲笑及反感的意思，及时停止那种不讨人喜欢的说话方式，并在以后的说话中多加注意，也就不会被人认为是“脑子少根筋”，乃至被他人疏远了。

聪明的人不仅会说话，更会听话，一句话的语气不同，表达的意思也不尽相同。聪明人就应该能够从不同的语气当中找到他人话中暗含的真实意义，弄清他人内心的真实想法。只有弄清楚了他人的真实想法后，才能帮助我们作出正确的决定。特别是与别人打交道的时候，要想得到他人的喜爱，获得良好的人际关系，更应该从交谈时别人说话的语气中去了解对方的内心需要，然后投其所好，这样才能让对方对自己产生好感，对自己满意。

小王跟小李平时关系不错，以姐妹相称。一天，小王来借小李的笔记本电脑用，想把上班时未完成的任务完成，小李非常热情地答应了，兴高采烈地说："没事，你尽管拿去用吧。"小王、小李都很高兴，小李因为能够帮助自己的朋友而高兴，小王因为能够完成工作并认为自己结交了一个好朋友而高兴。第二次，小王来借笔记本电脑时，小李正在看电影，但是看在朋友的分上，还是把电脑借给了小王，小王也觉得受之无愧，因为自己是干正事，而小李只是在娱乐。第三次，小李在看电影的时候，小王又过来借电脑，这时，小李虽然心中万般不愿，还是客气但不无冷淡地说："哦，你拿去先用吧，用完再还给我。"全然没有头几次那么爽快与热情。小王听出了小李口气里的不愿意，于是用非常抱歉的语气说："真不好意思，老是麻烦你，明天我请你吃饭。看来我也得尽快买个笔记本电脑才行。"小李马上阴霾尽扫，说："嗯！现在笔记本电脑也不贵，买一个方便多了。"然后小李痛快地将电脑借给小王了。

如果小王没有听出小李心里的不满，还是依然故我地坦然接受小李的笔记本电脑，恐怕要不了多久，她们之间的关系就会疏远了，小王还会被认为是一个不知趣的人。

人们说话的语气有时候比语句本身更加重要，因为说话的语气能够反映说话者内心的真实情感及内心意愿，而这些是人们沟通过程中最为重要的因素，沟通时彼此的感情及内心想法，都有赖语气来反映。因而，听话，就要认真地揣摩对方说话时的语气，这样才能辨别出对方内心的真实想法，才能真正地读懂他人。

从言行有效了解对方

但凡看过《红楼梦》的人，对“林黛玉进贾府”一章中的这样几句话应该是印象颇深的：“（黛玉进贾府时）步步留心、时时在意，不肯轻易多说一句话，多行一步路。”曹雪芹寥寥几笔，一个生性敏感、谨慎多虑、高傲却又自卑的黛玉形象跃然纸上。可见，一个人的性格与性情，通过日常的言谈举止，会在不知不觉中显现出来，所以心理学家们认为，观察一个人的言行是了解此人的很好的途径之一。

大多数的人说话时都伴有一定的表情与动作，就算是照本宣科的播音员也会在不经意间流露自己的内心世界。有的人为了掩盖自己的真实想法，常常会说一些心口不一的话，对此，我们只有透过现象看本质，仔细观察人的面部表情与动作行为，才能看到一个人的内心，了解他的性格与心理。

有的人说话时眼睛平视对方，表情平和，语速适中、语调平缓，这说明他的内心十分坦然，没有什么可隐瞒的。这种人心地坦荡、为人诚实，待人接物落落大方，是值得令人相信之人。

有的人说话时眼神犹疑不定，不敢与对方对视，并伴有拉头发、扯衣角之类的小动作，这说明此人的心地不够坦然，对自己没有足够的信心，要么就是正在撒谎，借小动作掩饰自己的内心。

有的人说话时喜欢伴有较大幅度的动作，耸肩、摇头、摆腰，并且面部表情夸张，语调激昂，语速较快，这说明说话者内心情绪起伏较大，有比较强烈的倾诉愿望，但这样的人说话比较容易言过其实，不足以全信。

有的人说话时喜欢伴有辅助性的手势，表示决心时握起拳头，表示愤

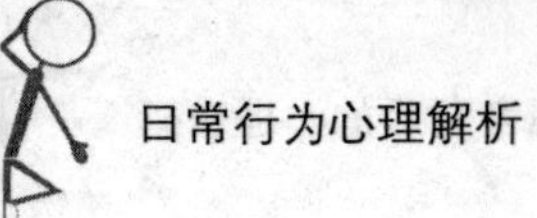

怒时手掌用力下劈等，这类人内心的情感通常比较丰富，容易激动，脾气也比较急躁，说话做事容易急功近利。

有的人一边说话，一边四处张望，这样的人容易将自己的好恶写在脸上，没什么城府，喜欢与人打交道，但是意志力不够坚定，做事常常三心二意。

还有些人说话时喜欢故意触碰对方的身体，好像和你非常亲热一样。这种人一般都是别有居心之人，他们企图通过手、肩、腿等身体部位的接触来显示与你的关系非常，从而令你放松警惕，得到他们想要的东西。

叶子第一次带男友回家，男友为了给未来的岳丈和岳母留下一个好的印象，特地精心打扮了一番，得体的西装，整洁的头发，高雅的礼物，浑身上下挑不出一点毛病来。

但是，男友走了之后，叶子问老爸对男友的印象如何时，老爸竟一口否决说："这样的人不值得你托付终身。"叶子有些委屈，说："你对他有多少了解？为什么判断一个人这样武断？"

老爸说："三句话可以看出一个人的性格，三步路可以看出一个人的修养。当我问他话的时候，比如，问到他的家庭和父母的工作情况时，他常常言辞闪烁，不敢直视我的眼睛，这说明他肯定有事隐瞒。我拿烟抽时，习惯性地问他要不要抽烟，他嘴里一边说'不要'，一边下意识地就伸过手来了，伸到一半又突然缩了回去。一个人家境不好不要紧，只要自己肯奋斗比什么都强。男人么，爱抽烟也正常，你老爸我都抽了快40年的烟了，但是一个心口不一的人是绝对不值得信任的。他在小事上说谎，那么大事也一定会有欺瞒，爱情也好，婚姻也好，最要紧的是诚信，

你说呢？”

叶子若有所思地点点头。

说话看其相，举止观其人。叶子老爸通过短短时间的接触和几个细致入微的细节观察，就深刻洞察了叶子男友的性格与人品。服饰衣冠可以精心装扮，但是一个人的言谈举止是长期以来形成的习惯，很难一下子改变，就算有心掩饰，也会在不经意间露出马脚。

语言的威力是巨大的，而言谈举止中所透露出来的一个人的性格也具有相当的准确性。因此，学会倾听他人的言谈，观察他人的举止，就可以深入人的内心，挖掘人的性格，透视人的思想。

潜台词暴露其真实本性

在交谈时，出于某种目的或者礼貌，人们往往会精心组织语言，选择合适的字眼来将自己的意思表达出来。然而这些经过精心准备或者深谋远虑的话语往往掩盖了人的真实本性，相反，一些无意间所说的话却是最能够透露人的个性秘密的。那么人们在无意中最会说哪些话呢？

是啊、是啊——如果说这样的话的时候眼睛并不看着对方，而是漫无目的地四下张望着，就说明他要么对你的话厌倦了，只想早点结束谈话；要么就是生性散漫，无论对方说什么，都无法引起他浓厚的兴趣。他在说“是啊”的同时，其潜台词实际是：“你说什么我根本就没听到。”

或许、大概、可能——如果一个人总是无意识地说一些模棱两可的话，那么就说明他要么对自己非常不自信，属于无胆无识之人；要么有很强的防备心理，不轻易表明自己的立场，也不愿意得罪他人，多半是城府很深、世故圆滑之人。

我只告诉你一个人——如果一个人有意无意总是说：“这件事我只和你一个人讲，你可千万别告诉其他人哦！”你一定要小心这样的人，他会和你说这样的话，那么对其他任何人也会说同样的话。这类人最喜欢刺探他人的秘密，对于飞短流长津津乐道，这样的人是绝对不值得信任之人。

真的，不骗你——这类人性情比较急躁，总是担心他人误解自己。他们对别人的评价和看法非常在意，所以对自己缺乏自信。他们之所以再三强调自己的真实性，就是希望自己得到认可，获得他人的信赖。

说话过程中经常夹杂英文单词和专业术语的——这类人处处显示自己的与众不同，事实上却在无意间暴露了自己爱卖弄、肤浅甚至自卑感非常强烈的性格。他们用这些晦涩难懂的言语来抬高自己的身份和地位，其实正是内心没有底气的象征。

县委人事调整，打算提拔一些年轻干部。在讨论副秘书长一职时，组织部长对白县长说：“我看王君这人不错，文笔好，能力强，又肯钻研，头脑也灵活，业务素质非常好。”白县长笑着说：“业务素质好，但是思想素质不过关啊！”

“此话怎讲？”组织部长有些疑惑。

“说来还真有些不好意思，”白县长笑了笑，“因为这话是我在厕所偷听到的。那天我肚子疼，正蹲厕所呢，王君和另一位同事一边说话，一

边走了进来。他们在谈工作压力的事情，秘书工作忙，事情多，又在领导身边忙前忙后，自然压力也就大一些，偶尔发发牢骚也是可以理解的。但是王君说了这么一句话，我听着特别刺耳，他说：‘若不是图个好前程，谁愿意给人卖命啊？’原来他将秘书工作当成为自己‘搏前程’的跳板，而为领导服务则成了‘给人卖命’。他对工作不是出自真心地想去做好，更没有心怀百姓，这样的人怎么能够担当重任？就算给他委以重任，他手中一旦有了权，难免不会利用职权之便为自己谋取私利。虽然他的这句话是在发牢骚时无意中说出来的，但是往往无意之间说出的话才是真心话啊！”

“无意之间说出的话才是真心话。”白县长这句话的确非常有道理。人们常常喜欢用“童言无忌”来形容孩子说话真实可信，究其根源，正是因为孩子说话通常是不会精心组织、细心思虑的，所以说出的话往往都是内心最真实的想法。成人在无意间说出的话也正如“童言”一般毫无忌讳，没有经过大脑的精心准备，所以才更真实地反映了他的内心世界和个性心理。王君或许对他自己内心深处的真实想法还没有真正地意识到，但是发牢骚时的一句“无心之言”已然充分暴露了他的性格秘密，显示了他人性中的弱点。

人们在自己言语伤害他人或造成误会时，常常会这样为自己辩解：“我不是有意说这样的话的。”但是请记住，对比你有意识、有目的的讲话，人们更愿意相信你无意间说出的话才是你心底深处真正的想法和意图，所以这并不是一个很好的为自己开脱的借口，相反，却更有可能暴露你深层次的性格秘密。

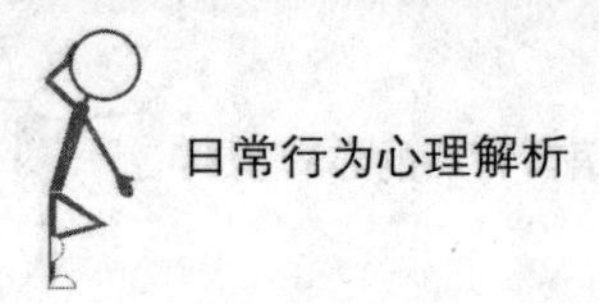

第10章　日常行为习惯，最习以为常的往往暴露最真实的

俗话说："不听你怎么说，就看你怎么做、都做了些什么。"一个人怎么做、都做了什么，能展现出其固有的习惯。日常行为习惯长时间影响着一个人的品德，暴露其本性，左右其成败，因此可以说最习以为常的往往暴露最真实的。

从对方坐电梯姿势探其心理

每天早晨，我们总是忙忙碌碌地从城市的各个角落赶往公司，虽然，在这个路途中必然会经历拥挤，但上司才不会管这些，办公室里的打卡器依然在等着我们。如果迟到，那将意味着我们一天的薪水没有了，所以，在上班路上，总是一副急匆匆的样子。紧赶慢赶，终于赶到了办公大楼，于是，我们可以在拥挤的电梯门口前松一口气了。在这时，你或许会碰到办公室里的同事，或许还会碰到上司，但是，谁也没有留意到自己或同事的行为动作，他们光顾着打招呼了。对此，心理学家说："人们在电梯门口时的一些行为、言语，从某种程度上透露了他们的内心世界。"所以，不要错过电梯门口的秘密，在松口气的同时，观察同事们的姿势，摸索其潜在的真实心理。

早上，小雅急匆匆赶到了办公大楼，这时离上班时间还差五分钟，小雅在心里祈祷："希望自己能有一个好运气，电梯正好下来。"谁料，赶到电梯那里时，发现满是拥挤的人群。小雅气喘吁吁，这时，站在旁边的

同事已经向自己打招呼了，“小雅，你来了”“小雅，站这里，这里还有个位置”。

小雅一边忙着回答同事，一边观察着同事等电梯的姿势。因为昨晚小雅刚看了一篇文章，叫作《电梯门前看穿你的心理》，她希望能够更多地了解同事，借此与同事建立和谐的人际关系。她发现：办公室的老王老是不由自主地往返踱步，但由于人群越来越拥挤，他不得不在地上顿脚；而脾气急躁的李姐则抑制不住自己，反复多次按压电梯钮，似乎这样反复按电梯就能快点下来；而张哥则是认真地注视电梯楼层的指示数字，只等电梯门打开就立即走进去，一点也没注意到小雅止在盯着他看；还有办公室里的同事小晨，他低着头，看着地面，也不说话；而小雅自己则是环顾周围的人或物，或是不经意地昂着头瞧瞧天花板。

这样观察了一会儿，小雅心中有底了。

细致的小雅观察了同事们不同的姿势，以此判断出同事各自的心理。通过这样的观察和判断，她更好地了解了同事们的心理，相信在以后的工作中，她与同事们会相处得更愉快。

1.认真地注视着电梯

有的人在等电梯的时候，会认真地注视着电梯楼层的数字，只等着电梯开门，心理学家表示，这样的人比较理性，处事稳重。在日常工作中，他们不太愿意插手别人的事情，不喜欢惹麻烦，经常会给人一种漠然的印象，不过，由于很会办事，很受上司的信赖。

2.环顾四周

有的人在等电梯的时候，喜欢东看看，西瞧瞧，或是看身边的人，或是看看头上的天花板。心理学家表示，这样的人有较强的防卫意识，他们不会轻易地向他人展露自己的内心世界。在工作中，他们喜欢学习新知识，有着较强的求知欲，或许，他们的朋友并不多，但每一个都是最真的朋友。

3.低着头

有的人在等电梯的时候，头向下，看着地面。心理学家认为，这样的人沉默寡言，他们不太爱在人前表露自己的思想。但是，其沉默的背后是一颗善良、淳朴的心，他们个性比较坦率，很容易相信别人，对于他人的请求从来不拒绝。在办公室，他们很受同事的喜欢，由于他们不善于拒绝，做事显得很没原则，属于办公室里的烂好人一类。

4.反复多次按电梯钮

有的人在等电梯的时候，显得异常急躁，总是反复地多次按电梯钮，似乎这样能够使电梯的速度更快一点。心理学家分析，这样的人个性比较急躁，做事喜欢讲效率，时间观念很强。在公司里，他们的人缘很不错，由于个性随和，所以容易接近，不过，他们容易情绪化，时常会以自我为中心，一旦认定了某件事情，就会一直坚持下去。

5.往返踱步或在地上顿脚

有的人在等电梯的时候，会不由自主地往返踱步或在地上顿脚，心理学家表示，这样的人心里比较敏感，甚至略带神经质。他们有着丰富的内心世界，对于身边的人和事能够洞察清楚，当然，他们对于自己的直觉和判断力是从来不否认的，在生活中，他们比较感性，颇有艺术气息。

心理学家认为，一般而言，人们在等电梯的时候，不可能一直保持

"立正"的姿势，不同的人在同样情景下可能会不自觉地有各种反应，而那些看似随意的行为却透露了人们心中的奥秘。

刷牙方式也可以看出其内心

你也许会奇怪，刷牙也可以看透一个人的内心吗？大多数人每天早上醒来，都是在睡眼惺忪的状态中刷牙洗脸，对于自己刷牙这一日常举动并没有太多关注，但是不经意间，刷牙也暴露了你的内心，只是在你刷牙的时候不会有太多人去关注，除非是你的家人。

工作严谨的人大多在日常生活中也能严格地要求自己，刷牙其实是生活中非常重要的一项准备工作，牙齿的亮白可以给人留下良好的印象，帮助人们展露自信的笑容，露出牙齿的笑容可以更快地感动他人。对自己要求严格的人，他们常常非常注意自己的牙齿健康，他们会选择效果比较好的牙膏以及牙刷，然后严格按照牙医的建议来刷牙：每日早晚两次，每次3~5分钟，牙刷三个月一换，不要一直使用同一种牙膏，等等。他们的牙齿亮丽洁白，他们的人生也在自己的努力中绽放光彩。我们有时只看到成功人士光鲜亮丽的结果，却从来不会去考虑到底是什么让他们成功，答案就在细节上。成功的人会将每个细节尽量做得完美，即便是刷牙这件旁人难以看到的事，他们也会尽心尽力地去完成，这就是成功人士之所以能成功的秘诀。

多数人不是很重视刷牙这件小事，只是把它当作每日必须去完成的任

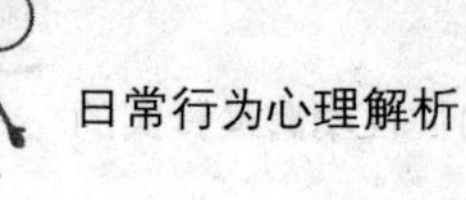

务而已，况且刷得好不好自己也看不大出来，别人也看不大出来，可是日积月累，你的刷牙效果就体现在大众面前了。很多人不重视平常的刷牙，导致日后出现多种牙科疾病，包括牙龈出血，牙龈肿痛，牙结石，牙齿松动等，还常常伴有牙疼的症状。都知道牙疼不同于其它的疼痛，往往让人难以忍受，而这种情况的发生，都是因为你在平时不注意保护牙齿而导致的。没有一口美丽的牙齿，即使你的脸蛋儿再漂亮，你也不敢露齿一笑。

对生活随便的人刷牙也很随意，往往只是象征性地糊弄一下了事，刷牙刷不到一分钟，牙膏的效果还没显现出来的时候就已经漱口了，这样的人常在工作中表现得很马虎，也许他工作时也风风火火，可是他怎么也不会给你提供一个可以让他升职的理由，因为这样的人办事毛躁，很难担当起领导者的重任。

讲到这里，你也许才恍然大悟，原来刷牙也有这么多的讲究。其实正确刷牙的方法我们都知道，可是为什么有人能按照正确的方法每天坚持来做，可有人明知道自己做得不对还不改正呢？这就是我们的性格使然了。一个人的性格经历了很长的形成过程，并在他20岁左右固定下来，想要改变是很难的，除非下定很大的决心和毅力。我们并不是要求你改掉自己的刷牙方式，只是想提醒读者朋友时刻注意自己的生活细节，小问题可以演变成大障碍，刷牙也可以看出人的内心。

沐浴习惯展示人的真实一面

说到沐浴，这似乎涉及到个人隐私了，但是沐浴和吃饭一样，也是人类日常的行为之一，沐浴习惯也能揭示一个人的内心动向，你是否有注意过自己的沐浴习惯呢？现在让我们来看看，有哪些沐浴习惯展示着人的内心。

有些人习惯去公共澡堂洗澡，在那里不用自己烧水，不用自己打扫，也许还可以携好友一起去，这似乎是老北京人最喜欢的，在一个大澡堂子里 起泡澡，大家讲着东南西北事，一派乐呵的景象。当然现在人们都开始住楼，大多数人都在自己家里用太阳能热水器，人们越来越习惯在自己的小空间里安静地生活。尽管每个人都是社会中的人，但很多人现在根本无法接受在公共澡堂洗澡这一行为。他们习惯了在自己的小空间里自由舒展，而到了公共澡堂，就会觉得异常尴尬。其实，在澡堂洗澡基本已经成为中国的一项传统，我们没有必要去忌讳，太过在意这些的人，反而不能很好地在社会中生存。

有些人喜欢淋浴，而有些人喜欢泡在浴缸里享受周围全是水的环境。喜欢淋浴的人往往是喜欢无拘无束的人，他们平时显得干练而且能够得到别人的喜爱，他们大都是普通阶层，拥有一份相对稳定的工作，拥有比较好的人缘,在工作上他们十分卖力，因此也常得到老板的青睐。喜爱泡浴缸的人通常社会层次都要相对较高一些，或者和他们生活在一起的是社会地位较高的人。不管怎么说，泡浴也是一种很好的摆脱疲惫的方式。但是泡浴往往是女人的专利，她们喜欢在充满泡沫的水下自由舒展自己，或者再

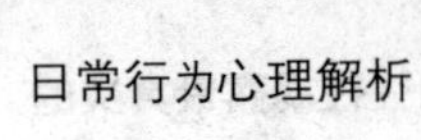

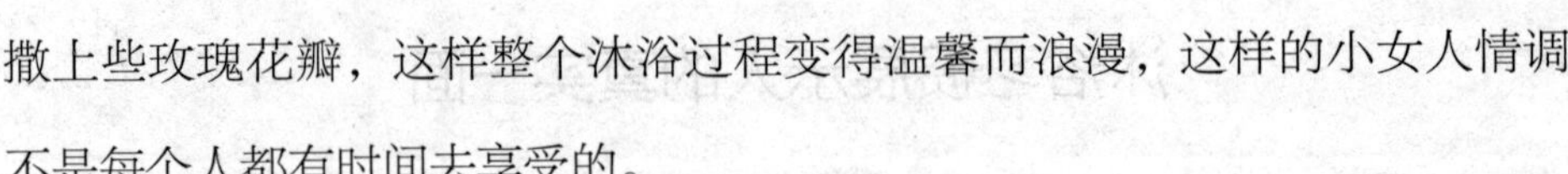

撒上些玫瑰花瓣，这样整个沐浴过程变得温馨而浪漫，这样的小女人情调不是每个人都有时间去享受的。

有些人更加偏爱温泉浴，在日本叫泡汤，泡汤这两个字其实更贴切，温泉本来就是带温度的，还冒着热气，一个小池子正像一碗热气腾腾的汤。其实洗温泉浴是对身体极好的，温泉中含有多种矿物质，可以舒缓身体疲劳，某些含有特殊矿物质的温泉还可以治疗慢性病。但最重要的一点就是不是每个人都有钱有精力去泡温泉的，这似乎天生就是富人的一项权利。

有的人有洁癖，就算是天天洗澡，他也要花相当长的一段时间待在浴室，这样的人总给人带来不好相处的感觉，但是有洁癖的人也常常是个热心肠，如果你可以忍受他们那无以复加的爱干净的状态，你还是可以尝试和他们成为朋友的，爱干净总不是什么坏事。当然，相反的，有些人沐浴时间很短，他们不喜欢把时间浪费在这些小事上，也许睡觉或者工作都比这个来得实惠，他们是真真正正的实用主义者。

如果说分析，也只能是你自己分析你自己的沐浴习惯了，不过看清自己比什么都来得重要。

点菜方式是对方的心理外露

约上几个好朋友出去吃个饭，聚一聚，不仅能促进感情，而且能一起品尝美味。在上菜之前，需要先确定吃什么，也就是先点菜。在点菜问

题上，每个人都有自己的方式，有的人在点菜时只对自己想吃的菜点个不停，全然不顾其他人的要求，有的人点着自己想吃的，同时也问别人想吃什么，还有的人会让服务员对本店的特色菜作介绍，让大家自己选择。无论是哪种点菜方式都是一个人心理的外露，所以点菜的方式点出了一个人的心理，注意观察能很好地认识这个人。

1.只点自己想吃的菜，不顾他人

有些人在点菜时总是霸占着菜单，点自己想吃的菜，全然不管其他人的要求。这种人的性格特点是不拘小节，做事非常果断，为人处世很乐观。这样的人平时大大咧咧，不喜欢被一些条条框框束缚，尤其是在一些比较正式的场合，他们会感到非常不自在，而一些不拘小节的行为使他们显得格格不入，所以他们经常会通过一些特殊的方式提前离开。他们在工作上喜欢充分发挥自己的能力，不被上司干涉，如果上司对他们的工作横加干涉，他们会选择愤然离开，炒老板的鱿鱼。这种人在生活上非常懂得享受，尤其是吃上，他们会用自己挣来的薪水品尝所在城市的各种美味，活得非常潇洒。然而他们只对待自己如此慷慨，对待朋友很吝啬，所以朋友们经常会因此远离他们。

2.自己不发表意见，只听别人点

有的人在点菜时会把菜单主动交给别人，别人点什么自己就吃什么。这种人的性格特征不明显，属于从众型，平时做事非常慎重，尤其是在一些需要表决的会议上，他们不会轻易作出决定并将之公之于众，因为他们信奉枪打出头鸟，所以总是在有人表决后自己再根据实际的情况来作出自己的决定，以避免自己成为一些人的眼中钉或者竞争对手。然而他们这样

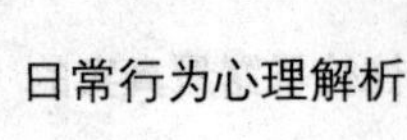

做从一个侧面反映了他们内心比较缺乏自信，常常受到他人的影响，例如，他们常常不能坚持自己的观点，一旦有人提出了其他的观点，并且比较坚持自己的观点，他们就会动摇，而去改变自己的观点。

3.先说出自己想吃的东西

点菜时会先说出自己想吃的东西，然后看着别人点。这种人性格比较直爽，有较为宽阔的胸襟。他们平时说话很少过脑子，不管是再平常不过的小事还是一些平时难以启齿的事都会轻而易举地脱口而出，尤其是对那些自己看不过去的事情，他们经常不顾具体的情况，想什么就说什么，语言上也常说出尖酸刻薄之词，所以常常招致一些人的忌恨。对待朋友，他们非常真诚，朋友做错事情时，他们会直接指出，并帮助朋友改正，所以给人一种非常真实和非常让人信赖的感觉。

4.点菜很犹豫，慢慢吞吞

有的人在点菜时很慢，点一个菜后问了又问想了又想，最后又改成其他的菜。这种人的特点是非常谨慎，他们什么时候都会将安全放在第一位。例如，几个人在一起过马路，他们会宁等三分，不抢一秒，很多时候车都过去了，他们还要左顾右盼确定周围没有危险了再通过。这样的人比较喜欢为他人考虑，所以他们身边的朋友往往都会倍感体贴，然而他们过分地考虑他人的感受使得他们经常忘记自己的观点，没有了自己的立场。他们做事非常仔细认真，一丝不苟的风格使同事和上司都对他们大加赞扬。

5. 先请店员说明菜的情况后再点菜

有人喜欢让服务员介绍店里的特色菜，大家都听明白后他才开始点菜。这样的人有较强的自尊心，爱面子，他们做事之前都会考虑自己的面

子是不是会受损，如果能够使自己很有面子，他们会主动去做一些事情。这种人比较能坚持自己的观点，除非对方的观点论据十分充足，否则他们不会轻易放弃自己的观点。他们比较追求卓越，所以做事总是高标准要求自己，给人以耳目一新之感。在人际交往方面，他们会非常重视自己的尊严，同时也不忘记尊重他人。

饭前点菜方式能够体现一个人的心理，注意观察，仔细分析，能够探寻一个人的内心世界，较为立体完整地把握一个人。

书写习惯暴露真实性情

中国汉字本身就是图形的艺术，自古至今汉字形成了很多写法，有楷书、隶书、行书、草书等。西方从古代的鹅毛笔到现代的钢笔，中国从毛笔到现代的学习西方的钢笔、圆珠笔等，书写工具的变化也导致了书写字体的一些变化。

书写是一个人无声的名片，我们在与人打交道时难免要遇到书写的问题，写字漂亮的人往往更加自信。就像广告上说的，签名的时候、付账签单的时候都需要用到签名，写一手好的签名已经成为现代社会必不可少的一项技能。当然，如果只是签名漂亮，这难免狭隘了一些，如果只是会签名，而别的字都写得像蚂蚁上树那样，那你的水准也必然上不了档次。

有一个这样的故事：

有一位部长去参加一个书法协会组织的活动，很多人看到部长去了，

都纷纷要求部长题几个字，部长非常高兴地大笔一挥，写下了潇洒的“同意”二字，大家都拍手称赞，人们都请部长再写几个字，部长脸上露出为难的表情，说：“不能再写了，就这两个字挺好。”

这个当然可以只是当作笑话来看，这个部长平时写惯了“同意”二字，就这两个字写得最好，但是从另一个方面我们可以看出，书法都是练出来的。古时候用毛笔书写时，想要考科举的人必然要先练好字才行，而且要像练武一样，坚持才能出成效，有些人为了练出腕力，还在手腕上绑上沙袋来写字，这样，当沙袋卸下来时，用笔就会更灵活自如了。

书写表现一个人的性情，写字认真、一笔一划的人常常被视作规规矩矩的人，这种人办事严谨，但是缺乏灵活度，是个尽职尽责的员工，但往往被领导忽略。不是说改变你的书写就能改变你的性情，这完全是一个定向公式，不可逆转的。我们的性情是主导因素，而书写反映的正是这种性情。

那些写字龙飞凤舞的人就和这种中规中矩的人截然不同了，这些人常常很自信，有时候还会有些自大，他们以自我为中心，很少关注别人，也很少关心别人，他们总是活跃分子。如果他们只是活跃派的话倒还不会太令人反感；但如果太过活跃的话，反而不会赢得别人的好感。如果是在公司，你在哪里都能发现他们的影子。

有些人就处在比较中庸的位置，他们的书写又漂亮又得体，这样的人办事圆滑得体，他们为人处事也都是保持中立的态度，常常是一个公司的和事佬。他们常常能赢得大多数人的信任，这种人最适合在人事部工作，他们可以游刃有余地处理各种人际关系。

书写在你的人生中发挥着不可替代的作用，尽管现在人们很多都用打印稿，但能写得一手好字仍然是你的一项别人替代不了的优势。

卫生习惯是其个人名片

英国作家萨克曾经说过："播种行为，收获习惯；播种习惯，收获性格；播种性格，收获命运。"由此可见，一个人的日常行为习惯对于其一生的命运和人生都有着很大的影响。卫生习惯也是如此。从幼儿园起，老师和家长就为培养孩子的卫生习惯而孜孜不倦地努力着；长大成人后，卫生习惯更是透露出一个人的性情品格与内在修养，它是一个人展现给大众的一张名片，也是大众了解此人的一个窗口。

一个人若是没有良好的卫生习惯，指甲乌黑、头发蓬乱，一张嘴满嘴口臭，衣服邋里邋遢、不修边幅，试想一下，谁会对这样的一个人产生好感？谁又会愿意与这样的人交往？人们与这样的人初次见面时，就会产生很大的不信任感，一个对自己的形象都不在意的人，又会将什么放在心上呢？而一个连自己都照顾不好的人，又如何能让人放心将重大的责任交付于他？虽然人们常说"不能以貌取人"，但是一个人的卫生习惯的确与他的个性性格和个人修养息息相关。不注意卫生习惯的人无意中就给对方透露了这样一种信息：要么是不自信，对任何事物都失去了信心；要么是从小没有受到良好的教育，缺乏必要的卫生知识。

还有的人虽然把自己打扮得十分光鲜，精心挑选的服装、精心设计的发型，全身上下一尘不染，但是一举手、一投足之间，恶劣的卫生习惯就将其缺乏修养的内心暴露无遗。你看他，一张嘴一口浓痰随地乱吐；说话间唾液横飞，直喷对方脸上；端起别人的茶杯就喝水，拿起别人的毛巾就擦脸；到别人家去，未经对方同意就直入卫生间，更有甚者方便完了还不放水冲洗厕所。这样的人，哪怕他的外表再光彩照人，恐怕也无法给人留下良好的印象，大家对其评价只有四个字：粗俗不堪。这一类男人也是大多数女人最无法接受的类型之一，他们的行为，完完全全暴露了其内在性格中的缺陷：自私、无礼、缺乏责任心和自控力，肤浅且不值得信任。

黄老师要外出学习半个月，小刘老师前来代教六（1）班的语文课并兼班主任。刚到班上，她就注意到了坐在最后一排一个名叫彭飞的男生。这个男生高高帅帅的，全身上下几乎都是运动名牌，但是很邋遢，衣服领子、袖子上全是油渍，头发又脏又长，指甲缝里全是污垢，走到他的周围，甚至可以闻到一股难闻的气味。他的座位旁边全是令人恶心的痰迹，吃饭、喝汤不仅发出很大的响声，甚至像个小孩一样，饭菜、汤水撒得到处都是。

黄老师将班级资料交给小刘老师时，小刘老师突然问："彭飞是不是学习成绩不大好？是个问题学生吧？"黄老师惊奇地说："你怎么知道？你认识他？"小刘老师摇摇头说："我注意到他的卫生习惯不怎么好，这样的同学一般都有特殊的家庭问题，并且心理上会或多或少存在一些问题。同学们平常是不是也不太喜欢他？"

黄老师感叹地说："岂止是不喜欢，简直见了他都要绕着走。没人愿意和他做同桌，所以他就一个人孤零零地占据了整张桌子。他成绩在班级

是倒数的，脾气也不好，经常动手打人。在他很小的时候父母就离婚了，谁也不要他，他就跟年迈的奶奶一起过。他的父母每年都给他很多钱，但就是不管他，奶奶年纪大，也管不了他，所以真正是个问题学生呢！”

小刘老师心中明白了，她召开了一个主题班会，就个人卫生习惯和人的修养、性格之间的关系让同学们进行了深入的讨论，她发现彭飞若有所思。然后她又找彭飞进行了几次深刻而又诚恳的谈话，要他改变个人形象和卫生习惯。之后，她欣喜地发现，彭飞换上了干净的衣服，剪了头发、修了指甲，身上难闻的味道也不见了，随地吐痰和乱丢垃圾的坏习惯也收敛了很多，整个人就像改头换面一般散发出自信而又蓬勃的朝气。大家慢慢地开始接近并喜欢他了，他的脾气也变好了，还找到了新的同桌，学习成绩也开始有所提高。

生活中很多事情都是相辅相成的，看似不起眼的卫生习惯可以成就一个人的性格，也可以毁掉一个人的性格。文中的小刘老师敏锐地从彭飞恶劣的卫生习惯中洞察了他的性格缺陷，并及时加以纠正，从而帮助他找回了自信，重返集体的怀抱。由此可见，一个人的社会接纳度和这个人的卫生习惯密切相关。一个人若是不注重卫生习惯和内心修养的培养，就会被他人和社会所排斥。而若是一个人长期被排斥，就会出现社交障碍，要么缺乏自信、胆怯懦弱，要么仇视社会、暴力报复，如同文中的彭飞。因此，良好的卫生习惯不仅是提升个人形象的有力武器，也是体现内在修养的关键所在。

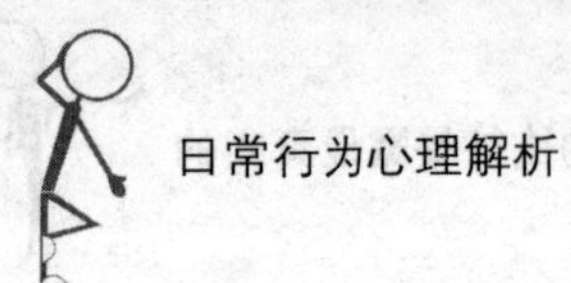

第11章　揣摩对方心思，为人处世看出其品性

一个人的为人处事风格，往往隐藏着其真实品性。生活中，了解一个人的最好方式，就是看他对人和事的态度，是否讲原则和信誉，是否严谨负责，透过这些言行举止，往往可以窥探出对方的真实品性。

对金钱的态度探寻其内心世界

钱是促进社会繁荣发展的一种金融交流工具，每个人都可以通过自己的劳动来获取报酬、取得钱财。每个人对于钱的态度都是不同的，例如，有的人会将金钱看得很轻，很有“视金钱如粪土”的姿态；有的人会将金钱看得很重，信奉“有钱能使鬼推磨”的格言；还有的人对金钱有一个非常端正客观的态度，提倡“君子爱财，取之以道，用之有度”。一个人对金钱的态度往往是他脾气秉性的体现，所以看一个人对金钱的态度往往能够探寻他的内心世界。

1.视金钱为实现抱负的辅助工具

很多人赚钱是为了实现远大的理想和抱负，这种人性格比较严谨，很有责任感。他们对待金钱的态度比较客观冷静，不会为了钱而去冒风险做傻事，而是会在法律允许的情况下通过自身的努力获得合法的劳动报酬。这种人对待工作的态度很端正，他们会与同事尽量搞好关系，遵从上司的指令，因此他们在工作上一般能左右逢源，工作进行得比较顺利。他们非常懂得理财，在他们看来，会花钱不是本事，会赚钱才是能力，理财更是

重中之重。所以他们会将自己所赚的钱根据自身的实际情况进行分配，从而使自己在任何阶段都能有充足的资金从事自己想要做的事情。

2.视金钱为地位和名望的标志

有些人将钱视为地位和名望的标志，他们非常在乎别人对自己的看法，他们会为了让别人对自己更加尊重或者佩服而去努力赚钱。豪华的轿车和别墅是他们用来炫耀的资本，这种人非常享受金钱带来的权力和名望，因为他们能从中获得一种满足感。他们钟爱回报率较高的风险投资，从迎接挑战到战胜挑战的过程中体验刺激，实现自己存在的价值。这种人做事往往需要一种自我激励，所以他们经常会在取得一定的成就后给自己一定的奖励，使自己的动力更加充足，向下一个目标奋勇前进。

3.把金钱看作无限可能

这种人把金钱看得很重，他们认为钱是一切，能够给生活带来无限的可能。所以他们经常会为了钱铤而走险，甚至去犯罪。这种人不但会努力地赚大量的钱，而且会将钱大笔地花出，从而得到自己想要的，尽情享受。他们的性格比较偏激，有时会为了得到一些利益而不择手段。他们不但对钱感兴趣，而且对权情有独钟，因为权能够为自己带来更多的利益。然而他们的自我控制能力是较差的，所以他们在一些情况下是不理性的，是容易出问题的。他们对待朋友的态度难以令人满意，因为他们经常会为了钱而牺牲朋友，背信弃义。

4.将钱看得很轻

有些人会把钱看得没有那么重要，在他们的眼里，钱是罪恶的源头。这种人的生活态度是崇尚自由自在，在他们眼里没有什么能束缚他们追求

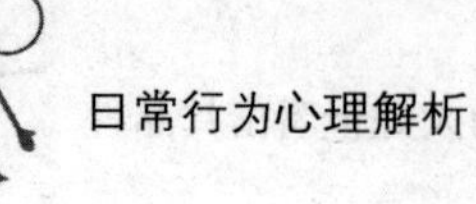

自由。他们不会因为社会上一些条条框框的约束而改变自己，他们喜欢做真正的自己，所以他们总是展现给人们自己最真实的一面。对待朋友，他们总是最真诚的，当朋友有困难时，他们总是能伸出援手，帮助朋友排忧解难，使人感到十分温暖。

5.将钱视为一种生活方式

这种人会把挣钱和花钱看成一种生活的方式，没钱时他们会努力去赚，有钱时他们不会胡乱挥霍，他们对金钱的态度非常客观、端正。这种人往往是理财高手，他们能很好地平衡自身财务状况。他们在投资时往往不会投入很多，但是这种求稳的风格使他们能够获取比较有保障的回报，从而使家底比较殷实。他们平日里总是非常乐观，很少会因为一些事产生焦虑。财富在减少时，他们会分析原因，将损失挽回；财富增加时，他们会享受其中的快乐，同时总结经验，继续努力。

钱不是万能的，但是没有钱又是万万不能的。金钱不仅是一种经济必需品，它还是最能驱动人类行为的东西之一，它开发了人们性格中最深层的部分。钱在人们的生活中究竟扮演着什么样的角色，那还要看每个人的具体情况而定。人们对于金钱的态度是不同的，这也是人们不同的性情、心理所致，所以了解一个人的金钱态度能很好地洞察其心理活动，探寻其内心的秘密。

从工作态度了解同事性格

在职场当中，要想了解同事的性格，观察他们的工作态度就能知其大概，因为人们在工作时会自然而然地将自己的性格特征表现在对工作的态度上。所以，要想了解某个人的性格，可以从他对待工作的态度上进行观察。

1.对工作认真负责的人

这一类型的同事，他们大多性格外向，为人真诚，坦荡无私，他们勇于承担责任，做事很有分寸，凡事都会尽心尽力地去做。这一类人通常都有很强的抱负心，他们积极进取，有机会时，就会努力抓住机会，没有机会，就会想办法为自己创造机会。同时他们又非常务实，脚踏实地，对自己的本职工作尽职尽责，因而这一类型的同事通常都能够很快取得事业上的成功，且深得上司及同事的信赖。

2.对工作马虎大意的人

这一类型的同事通常比较散漫，爱慕虚荣，眼高手低，好高骛远，通常没有太强的工作能力，他们对工作不上心，但是对于家里长短则非常热心，喜欢嚼舌根。这一类型的同事可能是在公司里具有一定的背景，不必担心自己被开除，工作只是为了消遣。

3.卖力工作但效率很低的人

这一类型的同事，他们往往性格很内向，优柔寡断，拿不起放不下。他们面对一项具体的工作时，总是思前想后，考虑过多，所以让人感觉他们总是忙忙碌碌、心急火燎，而工作上却一点进展都没有。这一类人做事

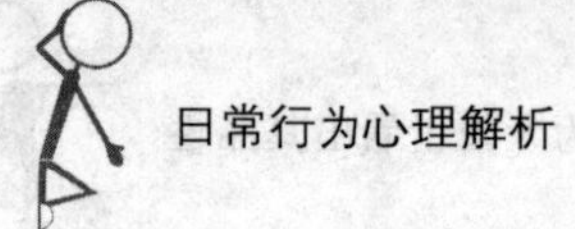

喜欢做花花架子，自尊心也非常强，总是希望在他人面前得到好评，让别人觉得自己的工作能力很强，却忽视了如何务实，如何脚踏实地地提高工作效率。这一类人在工作的时候，经常会先想到自己该负的责任、后果等，总是担心自己的得失，表现出犹豫不决的神情，因为顾虑太多，行动起来瞻前顾后、畏首畏尾，所以失败的几率反而会大大增加。

4.失败后，急于为自己开脱的人

这类人性格极度自私，爱耍小聪明，处处表现自己，爱慕虚荣，他们常常以自我为中心，希望他人都能围绕着自己打转，做事华而不实。他们通常喜欢在工作失败之后不断寻找一些客观的理由和借口为自己的失败开脱，为的就是推脱和逃避责任。

5.能够坦然面对失败的人

这一类人能够实事求是地坦然面对工作中的失误，勇于承担责任，敢于自责。他们在失败后，往往会积极承认错误，且能够及时仔细、认真地分析失败的原因，积极总结经验教训，争取在今后的工作中避免再犯此类错误。这类人通常都很务实，做事认真踏实，且责任心强，勇于承担，为人处事很稳重，性格外向，有才气，有一定的进取心，且意志坚定，往往能够取得成功。

6.工作情绪波动大的人

这一类型的同事在工作比较顺利的时候，就非常高兴，且效率极高，稍有挫折，便灰心丧气，提不起精神，甚至从此一蹶不振。这类人一般性格较脆弱，意志不坚强，多愁善感，爱幻想，不切实际，他们通常对工作抱有美好的理想，但是，一旦遇到实际的困难，往往容易退却、失望，这

类人一般都不能成就大的事业。

从对待下属错误中观察领导性格

人非圣贤，孰能无过，不管怎么说，每个人在一生中都不可避免地会出现这样那样的错误。人不仅在生活中会犯错，工作中同样也会犯错。当然，生活中犯了错误的话，可能没有太多人会去责备我们，但是如果工作时犯了错，会受到领导的责备。不同性格的领导在对待下属所犯的错误时，也会表现出不同的态度，透过这些不同的态度，我们可以看到一个个性格各异的领导。那么，如何从领导对待下属的错误上来观察领导的性格呢？

领导面对下属所犯的错误时，通常会有以下几种台词和表现形式，我们可以从这些方面入手：

1．“你这个人怎么这样笨，让你办点小事情都办不好，你还能办成什么？”

这种领导在对待下属的错误时，喜欢否定对方以前所有的功劳，把所有的过错都推到下属的身上。这种类型的人往往自尊心很强，觉得自己能力很强，什么事情在他看来都不值得一提。如果下属犯了错的话，他会先把自己排除在外，只要失败了，都与自己无关，如果一旦成功，那肯定离不开自己的努力。有时他们表现得有些自私，只考虑到自己的感受，经常忽略掉对方的感受，认为下属理所应当为他们服务。

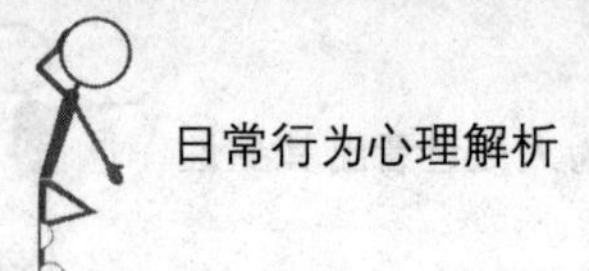

2.“没关系，出现这个问题，我也有责任，只要以后改正就没事了。”

这种类型的领导通常性情温和，他们会把别人的感受放在第一位。工作中，他们会与员工建立一种良好的关系，使得员工从心理上对他产生佩服之情。这种善于和下属一起承担错误的领导往往有较丰富的知识，无论走到哪里，他们都会以自己的人格魅力打动他人的心。

3.“这样啊，你应该深刻认识到自己的错误，争取在以后的工作中改正过来。”

这种领导与前者有相似的地方，那就是对待下属的问题他们能够正确地看待，喜欢就事论事，不会因为一次错误就把别人的整个成就给抹杀了。但是不同之处在于，与下属交往中，他们会与下属保持一定的距离，营造自己的优越感，更多地让对方主动地对其表现出一种尊敬。他们中多数也都有较丰富的文化知识，但是而性格偏向于理智型。他们既不会一味地责怪下属的过错，同样也不会主动地替下属承担错误，如果势态严重的话，他们很有可能会舍弃下属，以图保住自己。

在实际工作中，如果能够通过这些言语和行为准确地掌握领导的性格特征，将有利于我们以后工作的顺利开展。同时，你还可以采取相应的措施，有针对性地作出一些改变，以符合领导的要求。

言语之间了解对方性格和心理

一个人的性格可以直接反映在他说话的内容上，当一个人说话的内

容和你的性格相符时，你会不由自主地喜欢这个人，恨不得天天和这个人在一起；但如果这个人和你谈话的内容让你厌恶，那就是他的话刺激了你性格上某根脆弱的神经，令你对他产生一种厌恶的情绪，甚至看到他就头疼。人和人的交谈，实际上就是性格和性格的相互碰撞，有的碰撞出了火花，有的却把对方撞得遍体鳞伤。

有一位书生连续数年参加科举考试才得了一个山西某县县令的职位，到任的第二天，他去拜见巡抚，但一时想不出该说些什么话。

沉默了一会儿，他忽然问道："大人贵姓？"这位巡抚大吃一惊，勉强说了自己的姓。

书生又没话说了，低头想了很久，说："大人的姓，百家姓中没有。"

巡抚更加奇怪，说："难道你不知道我是旗人吗？"

书生又站起来，问："大人是哪一旗的人啊？"

巡抚说："正红旗。"

书生说："正黄旗最好，大人为什么不在正黄旗？"

巡抚勃然大怒，大喊道："请问你是哪一省的人啊？"

书生答道："安徽省。"

巡抚说："广东省最好，你怎么不生在广东呢？"

书生大吃了一惊，这时才发现巡抚的脸已经气得发青了，赶紧告辞回了家。第二天，上司便命令他回安徽，担任教书工作。

临走时，书生到巡抚那告别，巡抚说道："从我们上次的谈话中，我就知道你是一个为人老实，性格木讷，又不懂得变通的人，你这样的性格根本就不适合官场。教书环境单纯，对你来说应该是不错的选择。"

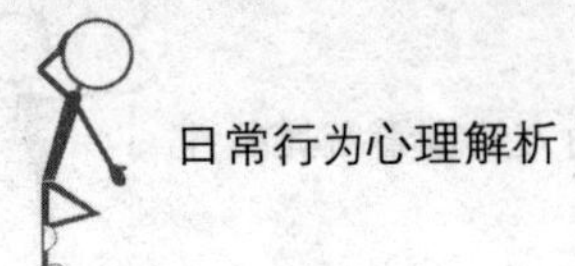

没有什么比一个人的说话内容更能体现出他的性格了，书生短短几句话，就将自己的缺点暴露无遗，也为自己招来了厄运。

说话内容总是围绕自己的人性格比较外向，为人忠厚。他们的感情色彩鲜明而且强烈，主观意识比较浓，只不过有时也有虚荣心强之嫌。在他们的内心深处，渴望对方能够关注自己，了解自己，从而让自己成为公众焦点。

我们也总会碰到一些喜欢谈论他人是非的人，这种人其实是很危险的，他们经常对他人评头论足，而他们这样做的目的很有可能是贬低对方，或试探你的口风。长舌之人从来都没有什么好下场，如果有人在你面前嚼舌根，你最好不要对他人妄加指责，最好将话题岔开，免得一句话说错就得罪了人。

“这栋豪宅好气派，值大价钱啊”，“今晚的菜，一桌肯定不会便宜的”。有些人的话题总是围绕着金钱打转，其实，这类人内心隐隐潜伏着不安全感。受到这种不安全感的驱使，他们把赚钱作为自己人生的唯一梦想，即使积累再多的财富，他们还是不能满足。

说话拖拖拉拉、废话连篇的人，多比较软弱，责任心不强，遇事易推脱逃避，胆子比较小，心胸也不够开阔，婆婆妈妈，整天在一些鸡毛蒜皮的小事上面纠缠不清。虽然对现实的状况有诸多不满，但缺乏开拓进取精神，并不会寻求改变，只是在等待。

说话非常简洁的人，性格多豪爽、开朗、大方，行事相当干脆和果断，凡事说到做到，拿得起放得下，从来不犹犹豫豫、拖泥带水，非常有魄力，开拓精神可嘉，有敢为天下先的胆量。

有人在谈话中总是喜欢把话题扯得很远，或者不断地转变话题，这说明他思想不够集中，而且缺少必要的宽容、尊重、体谅和忍耐。

透过其待人接物洞察人心

懂得察言观色、随机应变，是赢得他人欢迎的关键因素。在职场、交友和各种人际交往中，通过观察他人待人接物的方式来洞察人心是非常重要的成功因素。由于种种原因，人们喜欢掩饰自己的真实想法，他们的言行与他们的真实动机往往不一致，所以，与人相处，首先必须了解人们行为背后的真实意图。

有个木讷的小伙子，帮父亲把一车刚摘的花生拉到市场上去卖，他父亲只交代了他一句每斤花生卖3元钱就匆忙走了。集市上的人很多，问价钱的人也不少，但是买他花生的人一个也没有。这时，一个老妇人走过来，看了看他的花生，对他说："年轻人，你这个花生土太多，价钱能便宜一点吗？"花生刚从地里挖出来，上面的确还沾了一些土，于是，他点点头，便宜5毛钱。接着，老妇人又剥开一粒花生："你这个花生粒太小了！根本就不值这个价格！"年轻人看着她手中的花生粒，也觉得有点道理，于是，答应再便宜5毛。

有时候，人们会出于某种利益而隐藏自己的想法，如你的生意伙伴、你的领导、你的同事等等，经常不说实话，用一些相反的言行来迷惑你。这就要你通过他们的言行举止来揣摩他们的真实意图。那么，该如何通过别人的言行举止揣摩他人的真实意图呢?

1.察言观色，能辨风向

人际交往中，对他人的言语、表情、手势、动作以及看似不经意的行为有较为敏锐细致的观察，是掌握对方意图的先决条件，测得风向才能使舵。例如，和上司打交道时，对其眼手的观察，能够让我们洞悉其内心。

2.从接人待物而知心理

人们常常将情绪从话里不自觉地呈现出来。如果要弄明白对方的性格、气质、想法，最容易着手的，是观察说话者本身接人待物的相关状况，你可以获得很多的信息。

3.措辞的习惯流露出真实意图

语言表明出身，语言除了社会的、阶层的或地理上的差别外，还有因个人的水平而出现差别的心理性的措辞。人的种种曲折的深层心理会不知不觉地反映在自我表现的手段——措辞上，所以，一个人的措辞习惯也可以流露出他的真实意图。

通过朋友介绍了解其大概情况

当遇到一个初次见面的人，自己对对方毫无了解的时候，可以通过朋友的介绍来对对方作出一个初步的判断，从朋友的话语当中来揣摩对方的真实想法，以及对方的大致品行和喜好，为以后的进一步交往打下基础。

小王去同学家串门，在同学家中碰到了小张，热情的同学立马介绍小

王和小张认识。从朋友的热情介绍当中，小王隐约觉得小张应该也是朋友的同学。经过询问，证实小张就是朋友的同学，于是，小王和小张两个人就围绕着同学这一话题展开了谈话，两个人最终都有相见恨晚的感觉。

对于朋友的朋友，我们了解对方的最好的方法就是从侧面来了解，对此，朋友的介绍就是最好的方式之一。从朋友的介绍中，自己可以对新认识的朋友有一个大概的了解，从而猜度、揣摩对方的心理。那么，如何从朋友的话中推测对方的品性呢?

1.从朋友的介绍中寻找共同点

从上面的例子当中我们可以看到，小王得知自己和小张拥有都是主人的同学这个共同点后，马上就围绕“同学”这个突破口进行交谈，相互认识和了解，以至变得亲热起来。发现共同点后再在交谈中延伸，可以不断地发现新的共同关心的话题。

2.从朋友的介绍中猜度对方的脾性

朋友介绍对方的话语，自己也可以适当地对对方作一些揣摩和猜度，然后加以分析。因为，朋友的介绍评价一般来说是十分中肯的，只要你是一个细心的人，就能从这些话语中对对方的脾性猜个八九不离十。

3.仔细观察，随机应变

有些人希望朋友介绍自己时只说自己的优点，而不说自己的缺点，当朋友说到他的缺点的时候，其表情通常会有一点细微的变化。这样的人，通常是有点自负的人。所以，我们需要仔细观察，随机应变，才能准确地猜度出对方的心理。

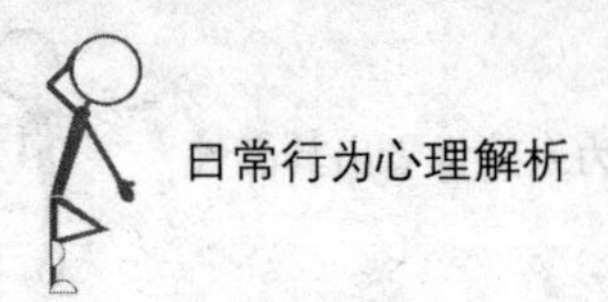

第12章 透过兴趣爱好，看出他人的真实性情

兴趣爱好是一个人的性格镜子，人们的兴趣与爱好都不一样。有的人喜欢音乐，有的人喜欢运动，有的人喜欢收藏，等等。透过兴趣爱好，可以看透对方的真实性情，了解其性格，获知其心理状态。

从对方音乐喜好看其性格

音乐，只留给我们灵魂深处最洁净的那片土地，这神圣的声音来自最遥远的音乐之乡维也纳，也来自于离我们最近的留声机。

音乐的魅力在于它能够感动他人，感动自己。中外历史上出现了无数闪烁着耀眼光芒的音乐艺术家，这里有我们最熟知的一位，丰子恺先生评价他说："他的伟大，决不仅在于一个音乐家。他有对于人生的苦闷与精练的美丽的灵魂，他是心的英雄。他的音乐就是这英雄心的表现。"他就是贝多芬。贝多芬30岁才开始写第一部交响曲，而他34岁时就完全失聪了，他的大部分经典作品都是在他无法听到声音时创作出来的。

贝多芬的灵魂因音乐而纯净，音乐是他人生的全部。有这样一个关于贝多芬的小故事：

某天，贝多芬去一家常去的餐馆用餐，刚点完菜，他突然来了灵感，就在桌子上摆着的菜谱背面开始记录下自己脑海中顿时出现的这段音符。在记录灵感的这段时间，侍者不敢去打扰他，生怕影响到这位钢琴家的思路。在过了许久之后，贝多芬才放下笔，侍者舒了一口气，这才敢过去

问："先生，现在可以上菜了吗？"贝多芬吃惊地问："我还没吃吗？我觉得我已经吃过了。"然后便按菜单上的价格留下了钱，自己拿起写满音符的菜谱离开了饭馆。

音乐在这里让贝多芬废寝忘食，他的内心是最纯净的，纯净得只有音乐才能进入他的心底。

音乐有着不同的分类，而不同的分类可以代表不同的风格，喜欢什么样的音乐都是因人而异的。喜欢古典音乐的人常常是独具高雅品位的人，在古典音乐的艺术里，显示出了一个人内心最深处的渴望，它的内涵博大精深，它的旋律优美复杂，它流露的情感让人感伤，这一切的一切都造就了古典音乐的蓝色风格。喜欢乡村音乐的人在生活上更为随意一些。喜欢摇滚乐的显然是走在时代前列的人，这些人对生活乐观，他们对一切事物都抱着积极向上的心态。摇滚人士并非远离社会的人，他们也是社会的一部分，如果你觉得他们是另类，只是因为你不了解他们，他们只是用更强烈的音乐来表达自己的感情罢了。

从音乐中看一个人的人性，这是件相对复杂的事，不过你可以间接了解到对方喜欢哪种音乐旋律，一般他喜欢的音乐旋律和他的性格密切相关。喜欢快旋律的人是个急性子，他们常常办事风风火火，就像踩着音乐的节奏一样，但是这样的人通常都为人热情，是个值得交往的对象。喜欢慢旋律音乐的人，就是个慢性子了，这种人生活节奏较慢，但是个喜欢帮助别人的人，也是能设身处地为人着想的人。

用音乐透视人的心灵，音乐的纯净也会让你享受到一片纯净的天空一片天空。

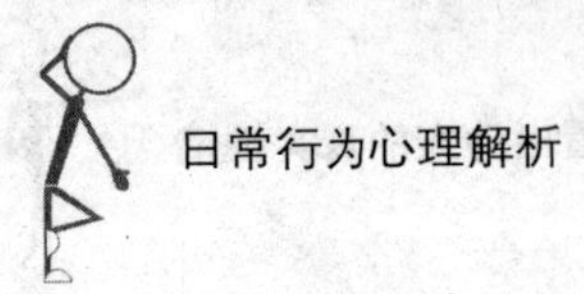

男人吸烟是为满足心理需要

当一个人孤独的时候，香烟是最忠诚的陪伴者。经常抽烟的人会觉得香烟不是他的生理需要，而是他的心理需要。在一个人孤独寂寞的时候，静静地打开火机，点上一支香烟，牌子不用太好，深深地吸上一口，就会让人心里得到极大的满足。抽烟让人将烦恼的事都随着烟雾慢慢吐出，这是一种自我救赎，虽然这种救赎看起来并不健康。很多人并不在乎吸烟对身体的危害，因为他们觉得不吸烟时对身体的危害似乎更大。

男人吸烟，更多的是为了解压。当今的社会压力越来越大，就算是在倡导男女平等的社会，男人的压力也不可避免地变得越来越大，男人有时候没有女人坚强，事实上，科学证明，女人的抗压以及承受能力高于男人。男人可以发泄的途径太少了，无非就是吸烟和喝酒。女人在受委屈或者压力大的时候可以放声哭泣，可以和好友一起疯狂购物，可以花笔钱去做美容做瑜伽，可以破费一笔吃一顿平常不舍得吃的大餐，可以和男人发脾气……可是男人不能去疯狂购物，他们没有这种习惯；也不能去做美容，怕是会被人笑掉大牙；去吃一顿似乎也不妥……男人在伤心或者心情低落的时候，最想做的就是去一个没人看见的角落，拿出那盒6块钱的烟和那个1块钱的火机，一支又一支地把它们抽完，没有数量限制，只是抽到自己心情轻松的时候，他们孤独地享受孤独，也孤独地解决问题。

男人在寂寞中吸烟，更容易大脑清醒，他们不会像女人那样因为寂寞而伤心，反而会因为寂寞而更能沉下心来进行思考，寂寞让男人戒掉烦

躁，学会成熟。

吸烟的时候，人本身是孤独的，而吸烟的女人似乎比男人更有味道。这让人想起手持香烟的张曼玉的照片，那种味道是不可言的。女性未必能像男性那样可以在吸烟中找到一种平衡感，但是女性能在烟雾缭绕中找到属于自己的个性，那种放荡不羁，那种寻找自我的种子，像蒲公英一样带着翅膀，随风飞去……

每个人都有属于他的那支独特味道的烟，不管是在有人陪还是没人陪的日子里，那支烟都像一个忠实的随从一样，从没有半句怨言。这支烟可能是你想最后保留下来的，可能在你抽完了其他的烟之后依然不舍得点燃，这就是随你而行的理想。把理想比作一支烟，还是有它的可行性的。理想像香烟一样，我们总是随身带着它，把它视作珍宝，可从来不去碰它，也许哪一天我们完成了所有的铺垫，该把它点燃的时候，我们却又退缩了，也许在不经意的时候，我们随意点的那支香烟，就是我们的理想，要不说理想也是要被点燃的呢。

当孤独离你而去的时候，你的香烟的使命也就完成了。

从旅行方式揣摩其本性

如今旅游成为了人们休闲假日的优先选择，一是因为人们的腰包鼓了，二是因为人们的意识开始有了转变，从以前只知道攒钱变得懂得消费了。现在不管是男的女的，还是老的少的，只要一有时间和金钱上的储

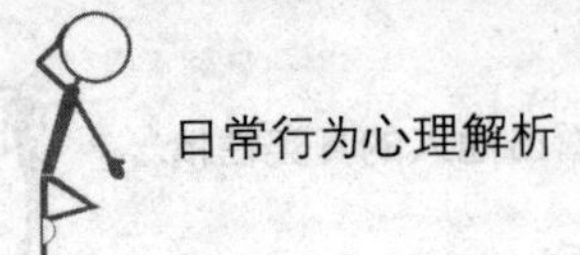

备，就会考虑下一次旅行的目的地，只是人们的旅游方式还是存在些许差别的。

各种各样的旅行方式看起来也不少，先看自助游，这通常是年轻人所喜欢的。年轻人的积蓄不多，但他们又是最具活力和闯劲儿的，所以他们喜欢在有限的经济基础上实现最大化的目的，也就是用最少的钱办最大的事。当然这就需要他们提前做好多项准备工作，首先确定好自己的假期在几月份，然后根据这个选择自己想去的最适合这个季节的地方，再然后他们就会开始一系列的熟悉工作，包括：预定打折的机票或者火车票；熟悉地形，如提前买好地图；熟悉酒店，预定价廉服务优的酒店房间，当然，如果可以的话，就先认识几个朋友，然后住到他们家去，这会省下一笔极大的开销。到这里不可不说一下当今的驴友时代，在你想去一个地方之前，先在互联网上发出通知，征集驴友，如果三五个人结伴去，不仅路上不会孤单，而且住宿或者包车的钱会省下很多；现代还流行的一种旅游方式称作“换房游”，如果你想去到某个城市，就在网上发出帖子，标出自己的房屋所在地和你想去的城市，然后等待那个城市的某个有缘人来和你进行换房游，这是最省住宿费的一种方法，但一定要小心谨慎。这是时尚的旅行方式，喜欢这种旅行方式的都是有一定的时间但是钱不多的年轻人，他们又想旅游得好又想省钱，虽然需要自己计划许多，但计划也是一种旅行前的享受。

再看组团游，这是种大众化的旅行方式，参加一个旅行团是最省时省力的方式了，当然，对于不太会安排行程的人来说，这其实也是省钱的一种方法，旅行社会为你作好一切的安排，只要你把钱交上并按时随团出发

即可，路上一般都会有专门的司机和导游陪同。这种旅行方式通常适合中老年人或者是休息时间不多但还想出门看看世界的人，这是种实惠也相对安全的旅行方式。不喜欢计划或者不太喜欢精打细算的人会选择组团游，自己不必操心太多，还能游玩重要的景点。

其实就像《杜拉拉升职记》中讲述的那样，有钱一族的中年人士喜欢去国外度假，而青壮派为了和他们区分开来，就喜欢攀岩、爬山这种折磨自己、磨炼意志的旅行活动。

当然，每种旅行方式都各有利弊，不同的人因个性不同会有不同的选择，因而说旅行方式也可看出人的本性，性本自由的人爱自己出发，性本传统的人就会选择相对安全的方式，但无论人们怎样选择，其实都无可厚非，这不过是每个人应有的权利罢了。

从读书了解其思想和人生态度

高尔基说，书籍是人类进步的阶梯。人类的进步离不开人类自古以来流传下来的知识，读书不仅可以增进知识、增长见识，还可以了解那些自己从未了解的人，也可以帮助我们了解那些我们想去了解的人。

常读鲁迅的书，我们可以看出鲁迅锋芒毕露的人生态度，一个人的作品最能反映这个人的思想，尽管我们不认识鲁迅，但我们可以从鲁迅的书中读出他的性格、读出他的人品。

冰心的小诗清新隽永，那时刚开始流行短篇自由体诗，冰心的作品

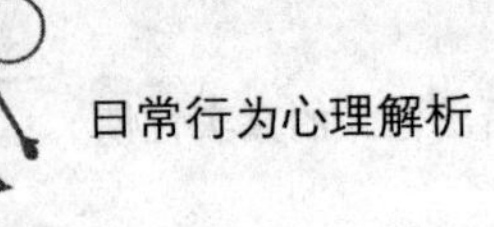

一出版，就受到了众人的追捧，一时间各种学习冰心体诗的风潮涌来。从冰心的诗中我们可以看到一个清秀的女子，一个思想纯净、文采熠熠的女子，一个温柔爱家的女子，一个关心他人的女子。冰心特别关注孩子们的发展，她常在报刊上发表一些写给孩子的文章，面对小读者们的来信，她还经常统一整理，写了好多篇《寄小读者》，顿时，一个温柔贤淑的女作家的形象展现在我们面前，就算我们从未谋面，我们也似曾相识。

名家大师们的风格总是很容易就能被我们辨别出来，这正是因为他们的风格独具特色，没有特色的文章不会被人们注意，没有特色的作家难以在茫茫文海中扬帆远航。

沈从文曾经有一段艰难期，那段时间他没有了经济来源，无奈之下，写了几封信向当时几位知名的作家求助，郁达夫在收到他的信之后，匆匆赶去看沈从文，当时的沈从文正在四面漏风的破屋里进行写作，环境条件相当恶劣。

郁达夫急忙走进去："哎呀，你就是沈从文……原来你这么小，我是郁达夫，我看过你写的文章，很好，一定要写下去。"

后来郁达夫给了他一定的接济，并把他的文章推荐给《晨报》，使沈从文摆脱了经济上的困境。

郁达夫从未见过沈从文，却因为沈从文的文章而认定他为一个可以相交的人，这足可见文章的魅力有多少，仅仅凭借看一个人的文笔就可以看出这个人的品行，虽然有些片面，但在大多时候，还是可以借鉴的。

读书可以教会我们识人，多读书的人懂的东西必然要多一些。书虽然是间接经验的一种，但它也是由前人的直接经验总结出来的，书中的很多

道理也是可以直接借鉴的。

比如，孔子教导我们“有朋自远方来，不亦乐乎”，是让我们要热情对待朋友。再比如，孔子在教育上倡导的“有教无类”，告诉我们认识人不要从外表来看，做老师不能把学生分为三六九等，另外，也有很多书教会我们如何择友，或者如何真诚对待朋友。我们看人一定不能只看外表，《巴黎圣母院》就告诉了我们这样一个道理，丑陋的敲钟人其实才是心地善良的人，而看似仪表堂堂的教父却是内心险恶的小人。

从偏爱服装品牌窥其性格

性格地位不同的人，在服装品牌的选择上也是有着相当大的差别的，这从人们日常穿衣的风格上就能体现出来。

能称得上品牌的衣服不是普通人日常生活的必需品，但我们的衣柜里必须有这么几件可以拿得出手的衣服，特别是在女人的衣橱里，名牌并不是非要用来穿的，虽然女人买下这件昂贵的衣服并不会穿几次，但她必须有一件属于自己的牌子衣服，可以说是女人的虚荣心在作怪，也可以说女人天生就有这个权利。

世界上的顶级品牌并不是很多，有些品牌能做到国内一流就已经不错了，不同的品牌都有它们独有的风格，而每个品牌也都有自己的故事。爱上一个品牌，也许是爱上它的款式，也许是爱上它的故事。是谁在主宰着世界潮流呢？就是它们：香奈儿、路易・威登、迪奥、古驰、华伦天奴、

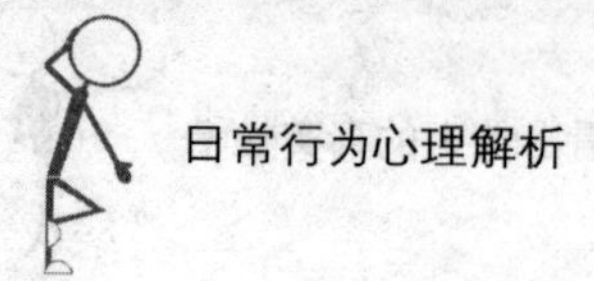

皮尔卡丹、巴黎公主……

喜欢路易·威登的人显然是奢华品的推崇者，LV的包包历来都是女人的最爱，虽然价格昂贵的它往往令人望而却步，但是这个品牌是绝对值得你去喜爱的。香奈儿是一个具有百余年历史的品牌，它的设计风格从最一开始就是为了打破法国服饰烦琐的传统，它的时装一直是突破传统并向着高雅、简单和精致发展的。每个女人总能在香奈儿的服装世界里找到属于自己的那一款衣服，喜欢这一品牌的人也必然是渴望自由、摆脱束缚的白领女性。迪奥是个更偏重于男士服装的品牌，就连它的女士服装也都是流露着坚毅的线条，这是职场女性的首选——如果你想做个女强人的话。古驰的风格更受商界人士垂青，尤其是它的男装，是社会上等身份与财富的象征，它的设计不仅时尚而且高雅，不管是在工作还是休闲，都是很好的选择。阿玛尼的风格显得更中性化，在这个时代，中性化的风格正盛行，它越来越受到人们的追捧，更是各地成功商业人士以及各国明星的最爱。ONLY的风格更性感更张扬，它成为了时尚前沿的代名词，也是都市白领女性消费的最好选择。

当然，不管怎么说，大多时候我们选择衣服除了要看牌子，还要看外观，最重要的还是看自己的口袋，即便我们非常喜欢某件名牌衣服，如果我们不经常穿，我们也不必去增加这笔开销。当然，拥有这种心态的就是另一种人了，他们不愿意多花钱在无用的事情上，至于衣服，买的好看大方、款式新颖、面料舒适也就基本达到要求了，在品牌选择上，可以避开国际大品牌而选择国内相对平价的一些不错的品牌。

那些每天想着买名牌衣服的人也许不是真正的有钱人，很多月光族就

是把每月的薪金花在了置办这些奢侈品上，从这就可以看出人和人之间的不同追求。对此，我们无权去评价什么，只是这正应了从服装品牌看穿人性的主题。

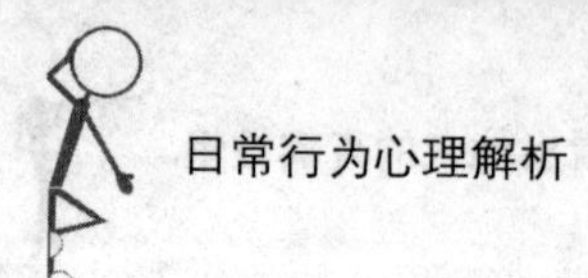

第13章 了解朋友的内心，结交相伴一生的挚友

和什么样的人在一起，就会有什么样的人生。和勤奋的人在一起，你就不会懒惰；和积极的人在一起，你就不会消沉；与智者为伍，你就会与众不同。生活中，要善于了解朋友内心，结交相伴一生的挚友。

从朋友性格找到合适的相处方式

俗话说："在家靠父母，出门靠朋友。"朋友是每个人一生最大的财富。然而，是否所有朋友都可以一视同仁地对待呢？其实朋友是分很多种的，不同的朋友具有不同的性格特征，在相处时，也应该根据他们的性格，以不同的方式来区别对待，这样，你们的友谊才能在一个相对稳定的状态下保持下去。

1.酒肉朋友

这类朋友大多是大而化之的人，似乎没有什么事情能够让其集中注意力去做，他们在与你相处时，也没有什么事情会让你觉得很烦，彼此在一起为的就是能够相互开心。他们奉行的想法就是明天的事情留待明天去做，今朝有酒今朝醉，过一天就要开心一天。当然，他们的这种开心，很多时候是对现实的一种逃避，他们不愿意为未来的事情忧虑，也不愿意付出过多的辛苦赢得明天的美好。他们大多比较虚荣，追求小资的生活方式，只要是听到什么好吃或者好玩的新鲜玩意，就会呼朋唤友一起去体验

一番，并以这种生活方式为荣，而跟他人大肆吹嘘。这种类型的朋友多为酒肉朋友，只可一起分享甘甜，一旦你遇到什么困难，他们往往会消失得无影无踪。

2.既是竞争对手又是极好的朋友

这种类型的朋友，和你保持着一种学习或工作上的竞争对手的关系，而私底下又是和你极好的朋友。这种朋友不论什么事情都不愿意落后于人，他们随时会鞭策自己多学、多做，虽然付出的辛苦比别人多，然而得到的回报也不比别人少。这类朋友通常在学习或工作上有极高的抱负，本身的能力也很不错，他们喜欢挑战未知的世界，喜欢结交爱学习、求上进的朋友，一起分享经验，共同求上进。这类人通常都极好强，不甘于落人后，当他们发现别人比自己进步更快时，他们又会加紧鞭策自己要更加努力。这类朋友不仅对自己要求很高，对朋友也会提出更高的要求，他们希望通过鞭策朋友，让朋友的进步带领自己向更高的目标迸发。这类人通常办事认真、负责，很受周围人的尊重及喜爱，跟这类朋友相处，你们之间既是朋友的关系，也是对手的关系，又如师生之间的感情，这种友谊十分难能可贵。

3.相交甚欢的朋友

这种类型的朋友口才好，亲和力又很强，他们的朋友圈子很广，从老到少的三教九流的朋友都有，而且，即便是跟别人第一次见面，会很快跟对方打成一片，因为他们对待他人从来不会见外。这一类型的朋友交际能力强，口才好，如果能够从事政治或公关方面的工作，相信会取得不错的成就，这类朋友因为交友太广，而往往缺乏深入了解，因而所交朋友大多

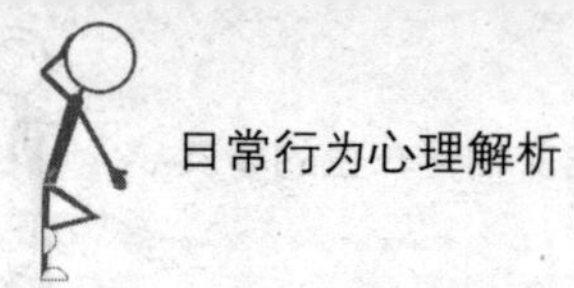

关系不深。

4.闺蜜型的朋友

这类朋友一般都是自己的至交，彼此之间可以无话不谈，无话不说。这类朋友大多跟自己具有很深厚的感情基础，相交的时间很长，彼此之间非常熟悉，这种熟悉甚至超过了自己的父母。这类朋友一般跟自己在某些方面——大多是生活、情感方面有很多共同语言，可以在一起相互分享，相互探讨。这类朋友通常可以为了彼此两肋插刀，彼此之间很爱护，很讲义气，人们通常所说的“人生得一知己足矣”，大概说的就是这种类型的朋友吧！

从对方送礼揣摩其性格特征

人与人之间相处互送礼物，不仅是一种礼仪风尚，也是改善人际关系、增进友谊的一种方式。虽然每个人对于不同的人会送出不同的礼物，但是朋友之间是一种平等互利的关系，朋友之间送什么礼物，不仅能够反映相互之间的关系程度，也能反映送礼人的性格特点。也就是说，我们可以从朋友所送的礼物中探知朋友的个性特征。

1.送昂贵礼物的人

这类人非常好面子，爱慕虚荣，他们通常不会去考虑所送礼物跟对方或自己的身份是否相符，他们认为要么就不送，要送就一定要送人贵的礼物。他们觉得，送人便宜的礼物，非但是没有意义及价值的，反而会让人

瞧不起自己，或是会让对方觉得自己对其不够重视，那样的话，还不如不送。这类人的逻辑思维能力不强，总是追求一些虚幻的东西，往往不够现实。

2.送华而不实的礼物的人

这些人送礼只讲究表面的华丽，他们会非常注重礼品的包装，好让他人觉得自己送的礼物很贵重，其实，他们所送的礼物往往是非常便宜的小物件、小玩意。他们这类人的自控能力很差，做事没有计划，为人非常吝啬，很爱占小便宜，属于想不付出或付出很少就得到很多的人。这类人做事通常只凭心情，往往只有三分钟的热度，喜欢花费很多的时间及精力去做一些毫无意义的事情。他们爱做表面工作，喜欢在人前打肿脸充胖子，不愿意面对现实，甚至是逃避现实。

3.送搞怪礼物的人

这类人通常都富有童心，似乎是一个长不大的孩子，他们心地善良，单纯可爱，但是喜欢搞怪、捉弄人。他们属于天生的乐天派，从来不会为了什么事情烦恼，在他们眼中，似乎没有什么事情是值得烦恼。他们很愿意为他人带来快乐，他们认为朋友之间就是应该互相取乐，因此他们通常是朋友间的开心果。这类人待人很热情，比较随和，而且聪明，有智慧，开朗，他们观察力敏锐，善于捕捉他人心理，却不怎么善于表达自己的感情。他们做事有自己的原则，也很讲义气，答应别人事情，一定会努力办到。

4.送人独特的礼物的人

这类人在选择礼物的时候，往往不选择实用性的或是常见的礼物，他

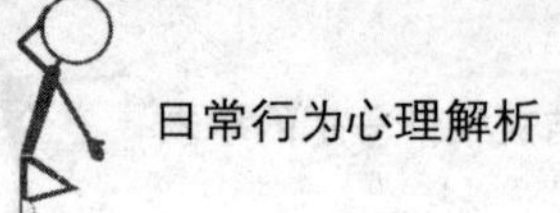

们选择礼物，希望取得令人意想不到的效果，因而选送的礼物非常独特、新颖，有时候会令人大吃一惊。这类人往往具有强烈的表现欲，喜欢在人群中显露自己，希望自己能够成为众人眼中的焦点。这类人的抱负心很强，如果遇到贵人帮助，往往能够取得不俗的成绩。

5.送自制礼物的人

这类人习惯于自己动手制作礼物送人，他们认为自制的礼物更能代表心意。这类人一般都思想传统、保守，待人亲切、随和，富有同情心，会在自己力所能及的范围内无私地帮助别人。这类人的想象力和创造力都很好，非常勤劳，踏实肯干，他们对自己常怀有很强的自信心，看重家庭，看重友情，是重情重义的人。

6.送自己喜欢的礼物的人

这类人在选择礼物的时候，往往只凭自己的喜好，认为自己喜欢的、合自己心意的，也一定能够合对方心意。这类人通常都比较以自我为中心，心胸不够宽敞，为人自私，凡事只站在自己的立场进行思考，不顾及别人的感受。他们的自信心很强，但目光短浅，只看得见眼前，看不见未来。他们做事很少会去考虑别人的感受，却常常要求别人能够合他们的心意，他们总是以自己的思想及标准来衡量和要求别人，却往往看不到自己的缺点。他们有时候很难缠，不讲道理，因为他们为自己和别人订立的标准是双重的。这类人的嫉妒心很强，无法容忍他人超过自己，他们从不会让自己吃亏，属于你敬我一尺、我让你一丈的类型。

7.送实用性强的礼物的人

这类人在选择礼物的时候，总是会考虑礼物的实用性，他们会考虑自

己的礼物能不能够给你的生活带来实际的帮助。这类人很现实，也很会体察他人的心思，属于善解人意的类型。当你打开他们所送的礼物时，总是会惊喜地发现：哇！那正是自己缺少的！这类人有时候又会因为太过注意实际，而显得没有人情味，缺乏激情。他们很实际，对自己要求很严格，大多有很强烈的事业心，希望自己能够出人头地，成就一番事业，同时他们对自己朋友的要求也很严格，会以自己的标准去要求身边的人。

从朋友说话方式了解其性格

与朋友相处时，你会发现，每个人的说话方式都有所不同，都有各自的性格特点，因而，通过观察朋友的说话特点，也可以了解朋友的性格特点。

1.善于使用恭维语、崇敬语的朋友

这类朋友通常都比较世故，处事圆滑，他们对别人有很好的观察力，善于察言观色，往往很容易就窥知其他人的心情，然后投其所好。这一类型的朋友，应变能力很强，适应能力也很不错，性格的弹性很大，他们与很多人都能够建立起良好的人际关系。他们的朋友很多，但是真正能够交心的则没有几个，因为他们的恭维中往往含着疏远之意，不喜欢跟人作更深层次的交流。

2.善于使用礼貌用语的朋友

这一类型的朋友，一般都有一定的学识及良好的文化修养，他们待人

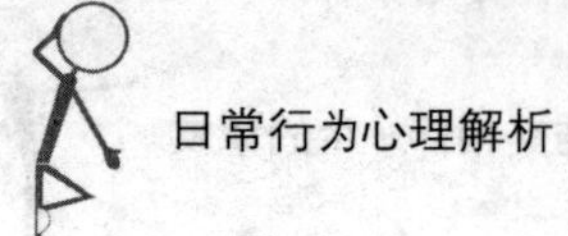

谦逊，彬彬有礼。他们心胸比较开阔，能够包容他人，并能够给予他人足够的尊重与体谅。

3.说话非常简洁的朋友

这一类型的朋友，性格多豪爽、开朗、大方，他们行事果断、干练，凡事说到做到，且拿得起放得下，从来不犹犹豫豫、拖泥带水。他们通常都精力充沛，富有干劲，做事雷厉风行，他们很有魅力，如果是男性，会非常受女人的欢迎。他们争强好胜，具有开拓精神，积极进取，通常都能够取得很好的成绩，是人群中的佼佼者。

4.说话拖泥带水、废话连篇的朋友

这种类型的朋友，通常性格上比较软弱，胆小怕事，没有责任心，遇事喜欢推脱，心胸也不够开阔，唠唠叨叨，整天在一些鸡毛蒜皮的小事上纠缠不清。他们对现实多有不满，喜欢抱怨，也有改变现实的愿望，但缺乏开拓进取的精神，不敢向前迈步。他们心胸狭隘，容易嫉妒他人，甚至会因为嫉妒人而在背后说人坏话，坏人名声。

5.常用方言说话的朋友

这类朋友非常有个性，他们对于自己有很强的自信心，他们感情丰富且特别重情重义。他们很有魄力及胆量，并且通常都较勤劳，积极进取，因而在事业上会取得不错的成绩。他们的缺点就是适应能力不是特别好，在新环境中不能马上融入其中。

6.说话时喜欢发牢骚的朋友

这些朋友在说话时总是不断地发些牢骚，他们大多是好逸恶劳、贪图享受之人，他们对未来也有美好的憧憬，却缺乏前进的动力，或者他们根

本不愿意那么辛苦奋斗，因此，他们总是安于现状、坐享其成。这类朋友的意志力很薄弱，一遇到困难或挫折就急着打退堂鼓，他们从不在自己身上找原因，而一味地把原因都归咎到外界的因素上。他们宽于律己，却严格要求别人，因而，他们通常比较自私，待人不够宽容，绝少设身处地替他人考虑，他们的做人原则是，以最少的付出，获得最大的好处。

从朋友小动作了解其真心

朋友之间有时候为了顾及双方的面子，不好当面表示反对或驳斥。有时候当我们正在跟朋友讨论一件事情或是给朋友提意见或建议，或者我们有事请求朋友的时候，朋友会顾左右而言他，口是心非。但是，我们并不会因此就不了解朋友的意思，大量的小动作已经透露了朋友的心思。

1.不停地翻眼珠，左顾右盼

当朋友有这种动作的时候，即表示他们心中已经对你产生了厌倦的情绪。他们左顾右盼，显得心不在焉，实际上是对你的一种抗议，示意你不要再继续说下去了，他们不感兴趣，也不赞同你的观点。

2.用手支撑脑袋，眼神专注

如果你的朋友有这样的动作，说明你的朋友认为你说得有些道理，但是可不可行、要不要按照你说的去做，他们需要作进一步的思考。当然，他们对于你的建议，也并不是十分热情地响应，该怎么做，他们心中有自己的算盘，只是鉴于你是朋友，尊重你，才会继续听你的忠告。

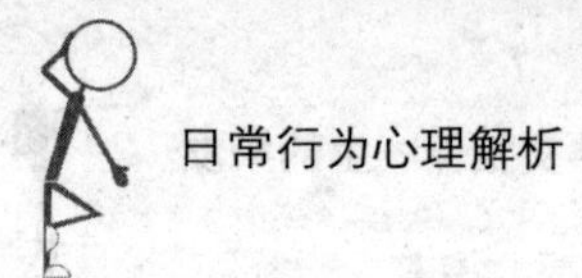

3.脑袋无力地搭在手背上或将手盖在脸颊上

这表示你的朋友已经对你失去了耐心，对你所说的话题彻底失去了兴趣，他们不愿意再听你继续说下去，只是碍于情面，出于礼貌，不好当面回绝。

4.抚摸下巴

如果你的朋友在交谈时出现这种动作，说明你的朋友正在考虑如何作决定。当你的朋友们抚摸着下巴考虑如何作决定的时候，他们接下来的手势就变得格外重要，因为那往往预示着他们会给出肯定还是否定的答复。这个时候，你最好的做法就是冷静观察，努力捕捉他们的肢体语言所传达的信息。

5.将东西放进嘴里

这种动作表明你的朋友内心正在作激烈的思想斗争，他们正在迟疑。他们将东西放进嘴里，正好给自己的迟疑找了一个借口，使得自己有理由不那么急切地给你答复。这些动作五花八门，有些人将自己的手指头塞进嘴里吮咬；有些吸烟的人会在考虑时缓缓地吐出一口烟；有些会将手指拿着的笔或者吃饭的勺子放进嘴里。这些肢体语言都是迟疑的表现，表明他们还需要思考一下，不能那么快就给出答案。

透过朋友的幽默辨别其真实性情

幽默是一种说话技巧，也是调节谈话氛围的一种有效方式。然而，幽

默的方式五花八门，不同的朋友，有不同的幽默方式，这些幽默方式的背后，隐藏了朋友内心的想法及性格特点，下面，我们就通过朋友的幽默来识别朋友的真性情吧！

1.善用幽默打破僵局的朋友

当谈话进入僵局的时候，有些朋友很会用幽默的方式来打破僵局，化解尴尬。这类朋友的反应很快，能力也很强，能够随机应变，因而他们处理突发事件的能力也很好。他们通常都有很强的表现欲，希望赢得他人的关注，而他们成功打破僵局的幽默方式，让他们成为了众人眼里的焦点，正好迎合了他们的这一心理。

2.喜欢以幽默来挖苦他人的朋友

喜欢以幽默的方式来挖苦他人的人，通常都喜欢争强好胜，他们嫉妒心很强，心胸狭隘，容不得别人超过自己，而他们常常对于自己有种极强的自卑心理。他们挖苦的对象，通常是他们的嫉妒对象，他们通过挖苦他人来达到自己心理的一种平衡。这类朋友，通常都有点自私自利，不顾及他人的感受，我行我素，他们喜欢通过打击别人来抬高自己，以为这样别人就会佩服自己，其实恰恰相反，他们会让更多的朋友远离自己，因而他们通常较少有知心朋友，内心是很孤独的。

3.喜欢用幽默自嘲的朋友

善于用幽默自嘲的朋友首先必须具有一定的勇气，敢于进行自我嘲讽，这是一般人很难做到的。这一类型的朋友，他们的心胸都很宽阔，能够接受别人的意见和建议，而且能够时常地反省自己，进行自我批评，寻找自身的错误，并努力改正。他们的这种气质，很容易赢得他人的好感或

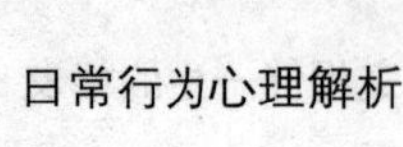

钦佩之情，因而他们的人际关系通常都很不错。他们的这种对待自己错误的方式，也让他们处理事务时更加理智，想问题也越来越成熟，因而，他们的工作能力通常都很让人放心。

4.喜欢用幽默搞恶作剧的朋友

这类朋友喜欢制造一些恶作剧似的幽默，他们通常都很热情大方、活泼开朗，活得很轻松，即使有压力，他们也会想办法排解压力，跟这类朋友在一起是很开心惬意的事情，他们总能有办法将你逗笑，将你从郁闷的心绪中拉出来。这类朋友通常很顽皮，带点孩子气，他们恶作剧时能够获得自我愉悦，也常常能够将这份愉悦带给身边的人。

5.以幽默的方式嘲笑、讽刺他人的朋友

这类人给人的第一印象通常是机智、风趣的，对任何人或事都有细致入微的了解，能够体谅和关心他人，但实际上，他们通常是相当自私的，他们更多的是在乎自己。他们在为人处世各方面都显得小心翼翼，凡事总想比别人快一步。他们的嫉妒心比较强，当别人在某些方面超过自己的时候，他们会以某些言辞故意贬低他人。他们不允许他人伤害到自己，如果他人伤害到了自己，他们通常会想尽办法为自己讨回公道。

参考文献

[1] 子阳.图解微表情微动作全集[M].北京：化学工业出版社，2013.

[2] 知非.心理学与微表情微动作[M].北京：中国纺织出版社，2017.

[3] 钱钱.你能识别哪些人在说谎[M].北京：中华工商联合出版社，2018.

[4] 姜振宇.人心可测：破解微表情背后的密码[M].北京：中国友谊出版公司，2018.